河口动力及形态学

［英］DAVID PRANDLE　著

水利部珠江河口动力学及伴生过程调控重点实验室

李杰　陈文龙　刘春玲　译

U0238123

中国水利水电出版社
www.waterpub.com.cn
·北京·

北京市版权局著作权合同登记号：01－2016－8950

图书在版编目（ＣＩＰ）数据

河口动力及形态学 /（英）戴维・普朗特尔
（DAVID PRANDLE）著；李杰，陈文龙，刘春玲译. —— 北京：中国水利水电出版社，2016.12
书名原文：Estuaries Dynamics, Mixing, Sedimentation and Morphology
ISBN 978-7-5170-5016-2

Ⅰ．①河… Ⅱ．①戴… ②李… ③陈… ④刘… Ⅲ．①河口地貌－动力地质学②河口－水流动－形态－研究 Ⅳ．①TV148②P343.5

中国版本图书馆CIP数据核字(2016)第313356号

书　　名	河口动力及形态学 HEKOU DONGLI JI XINGTAIXUE
原 书 名	Estuaries Dynamics，Mixing，Sedimentation and Morphology
原　著　者	［英］DAVID PRANDLE
译　　者	水利部珠江河口动力学及伴生过程调控重点实验室 李杰　陈文龙　刘春玲　译
出版发行	中国水利水电出版社 （北京市海淀区玉渊潭南路1号D座　100038） 网址：www. waterpub. com. cn E - mail：sales@waterpub. com. cn 电话：(010) 68367658（营销中心）
经　　售	北京科水图书销售中心（零售） 电话：(010) 88383994、63202643、68545874 全国各地新华书店和相关出版物销售网点
排　　版	中国水利水电出版社微机排版中心
印　　刷	北京瑞斯通印务发展有限公司
规　　格	184mm×260mm　16开本　11.5印张　273千字
版　　次	2016年12月第1版　2016年12月第1次印刷
印　　数	0001—1500册
定　　价	**68.00**元

内 容 提 要

本书为研究人员、学生、执业工程师及管理人员提供了最新的河口动力、混合、泥沙情势、形态演变知识、实用公式以及新的假设。

其目标是为了解释基础控制过程并将其综合纳入描述性公式,从而使相关公式可以用于指导未来的河口发展。每章重点分析河口系统的不同物理性质,确定关键研究问题、概述理论、模拟和观测方法,强调必要的定量结果。本书允许读者将世界不同河口进行对比分析,为短期管理问题和气候变化等长期问题的解决提供监测、模拟战略。

本书主要是物理海洋学、河口工程学的研究用书和学习用书,为河口领域的专业研究、工程人员、管理人员提供理论参考。

作 者 简 介

DAVID PRANDLE 目前是威尔士大学海洋学院（University of Wales' School of Ocean Sciences，Bangor）的名誉教授。他毕业于利物浦大学（University of Livepool）土木工程专业，并在曼彻斯特大学（University of Manchester）攻读博士学位，主要研究胡格利河（River Hooghly）的涌潮传播。此外，作为顾问为加拿大国家研究委员会（Canada's National Research Counci）工作了五年，对圣劳伦斯河和弗雷泽河（St. Lawrence and Fraser rivers）进行模拟。然后，DAVID PRANDLE 到英国自然环境研究委员会 Bidson 天文台（UK's Natural Environment Research Council's Bidson Observatory）工作，设计了控制泰晤士河防洪坝（Thames Flood Barrier）的操作软件。随后，开展了大陆架海域及海岸带的潮汐、风暴传播和潮汐能提取、循环与混合、气温与水质的观测、模拟和理论研究。

译者序

河口是径流和潮流相互消长的地区，随着两种动力强弱的沿程变化，在整个受径流区与潮汐影响的范围内，各河段的水流情势、泥沙运动和河床冲淤演变特性都不同。而河口地区一般都是水陆交通便利，物产丰富，经济繁荣发达，普遍存在洪、涝、潮、咸、旱、台风等自然灾害，加之河口地区人类活动频繁、剧烈、滩涂围垦开发，可能造成河口水体污染、生态环境功能下降、河口形态变化等现象，河口的治理开发与社会经济发展、生态环境保护关系甚为密切，必须深入研究和慎重行事。

本书译者李杰、陈文龙、刘春玲所在的珠江水利科学研究院、珠江河口动力学及伴生过程调控重点实验室地处珠江三角洲河口地区。珠江三角洲地区面积 1.1 万 km²，GDP 占全国约 10%，是我国重要的战略经济圈，经济地位举足轻重，毗邻香港、澳门，政治地位十分敏感。珠江河口是一个多区复合、多场耦合、人类活动干扰强烈的复杂系统，具有"三江汇流、网河密布，八口入海，整体互动"的特点，与国内外河口相比，珠江河口水系结构、口门形态、河口动力过程的复杂程度世所罕见。珠江水利科学研究院、珠江河口动力学及伴生过程调控重点实验室科研人员在围绕着珠江流域规划中的问题开展科学研究的同时，重点对有关珠江河口治理开发中提出的问题进行研究，开展了大量有关珠江河口治理开发的研究工作。提出了以"喇叭形""一主一支""固滩塑槽，束水攻沙"等水沙控导为核心的多目标综合治理技术，在河口综合治理方面取得了一定的成效。随着时代的变迁，河口治理的新问题也不断出现，如海平面上升、河口的水生态环境变化、河口形态的调控和长期监测等，同时河口地区经济社会高速发展迫切需要协调河口治理开发和保护的关系，保障河口防洪、供水、水生态环境安全，合理调控河口形态变化、科学利用河口滩涂以促进地区可持续发展和环境保护。

DAVID PRANDLE 是威尔士大学海洋学院（University of Wales' School of Ocean Sciences，Bangor）的名誉教授，DAVID PRANDLE 编著的《河口动力学及形态学》一书共分为 8 章，分别围绕潮汐动力、潮流、咸潮入侵、泥沙情势、同步河口（动力学、咸潮入侵与测深学）、同步河口（泥沙捕获与分选–

稳定形态学）、可持续发展战略等几个方面展开论述，通过诠释河口系统中水沙盐等物质输移过程机理，确定关键的研究问题、理论、模拟和观测方法，推导实用的理论经验公式开展计算，预测未来河口形态的发展，通过定量的计算分析为河口的治理提供决策支持，并将世界不同河口进行对比分析，考虑长期气候变化影响，为河口管理者提供监测、治理方案。本书译者通过对原著《Estuaries Dynamics，Mixing，Sedimentation and Morphology》的学习，认为该书以全新的视角，深入浅出、通俗易懂，在河口的水动力、泥沙变化规律、咸潮上溯机理、河口形态学、河口变化监测方法等方面提供了严密的理论推导和丰富的实践案例，因此，希望通过对该书的翻译，可为我国河口动力学、河口管理、河口生态等领域的研究人员、工程人员、管理人员提供全新的综合理论参考和借鉴。

在翻译和统稿过程中，得到了珠江水利科学研究院王现方、徐峰俊、吴小明、陈荣力等专家的热情指导，得到了水利部珠江河口动力学及伴生过程调控重点实验室邓家泉、余顺超、何用、邹华志等专家的关心和支持，另外，本书也得到了中国水利水电出版社、剑桥大学出版社、中山大学的大力支持和帮助。在此，本书翻译人员向所有支持和帮助我们的领导、同事以及其他相关人员表示最由衷的感谢和敬意。

由于时间仓促、水平所限，书中译文难免有疏漏之处，敬请读者批评指正。联系邮箱：14908381099.com。

译者

2016 年 11 月

符 号 说 明

A	横截面面积
B	河道宽度
C	悬浮浓度
D	水深
E	垂向涡流黏性系数
E_X	潮程长度
F	线性河床摩擦系数
	无量纲摩擦项
H	总水深 $D+\varsigma$
I_F	泥沙填充时间
J	无量纲河床摩擦参数
K_Z	垂向涡流扩散系数
L	河口长度
L_I	咸潮入侵距离
L_M	谐振河口长度
M_2	主太阴半日潮汐分潮
M_4	M_2 的 M_6 二级潮
MS_4	M_2 和 S_2 的 MS_f 二级潮
P	潮汐周期
Q	径流
R_I	理查逊数
S_R	斯特劳哈尔数 $U\times P/D$
S_c	施密特数（K_Z/E）
S_t	分层数
S_X	相对轴向盐度梯度 $1/\rho \quad \partial\rho/\partial x$
S	无量纲盐度梯度
SL	轴向河床坡度
SP	河口间距
T_F	冲刷时间
U	轴向潮流
U^*	潮流振幅

余流组分：

U_0	径流量

U_s	密度流
U_w	风生流
V	侧向潮流
W	垂向潮流
W_s	泥沙沉降速率
X	轴向
Y	侧向
Z	垂向
c	波速
d	粒径
f	河床摩擦系数（0～0.0025）
g	重力常数
i	$(-1)^{1/2}$
	表（水）面坡度
k	波数（$2\pi/\lambda$）
m	轴向深度变化指数（x^m）
n	轴向宽度变化指数（x^n）
s	盐度
t	时间
t_{50}	悬浮泥沙半衰期（$\alpha/0.693$）
y	与口门间的无量纲距离
z	$=Z/D$
α	指数沉积率
	指数深度变化（$e^{\alpha x}$）
$\tan\alpha$	边坡坡度
β	指数悬浮泥沙剖面
	指数深度变化（$e^{\beta x}$）
γ	泥沙侵蚀系数
ε	混合效率（$B/2D$）
ς	表面高程
ς^*	潮位振幅
θ	相对 U^* 的 ς^* 相位提前
λ	波长
υ	漏斗效应参数 $(n+1)/(2-m)$
π	3.141592
ρ	密度
σ	频率
τ	应力

φ	纬度
φ_E	势能异常
ψ	椭圆方向
ω	潮汐频率（$P/2\pi$）
Ω	科氏参数（$2\omega_s \sin\varphi$）

说明：上述符号中，＊表示潮幅；－表示深度平均；0 表示余流；1D、2D、3D 表示一维、二维、三维；为与参考文献一致，其他标记偶尔会用到，其解释详见出现之处。

目 录

作者简介

译者序

符号说明

1 引　言

1.1　目标与内容范围

本书旨在帮助学生、研究人员、执业工程师和管理人员了解最新的理论知识、实用公式以及新的假说，涵盖了河口地区的动力作用、混合作用、沉积作用以及河口区的形态演变。其中，许多新的研究成果均假设研究区具备很强的潮汐作用；因此，最新的研究进展重点关注中潮和强潮河口区，即口门处潮幅 1m 以上区域。

一方面，本书能为学生和研究人员提供基础动力学及最新发表成果等的理论推导过程；另一方面，本书还在通用理论体系中对新公式进行了概述，从而为工程师及管理人员具体分析其最新进展。

本书的每一章都相对独立，并在每章结尾都会有一小节内容，即"小结及应用"——针对本章内容概述其阐述的问题、方法、突出成果及实际应用等。本书旨在分析、归纳主要控制过程并将分析结果纳入理论指导体系。上述内容为深入分析特定河口区的历史及现状提供了不同的观点，并有助于同其他河口进行比较。从而可以为解决当前备受关注的全球气候变化影响问题制定监测策略、开展模拟研究等奠定基础。

1.1.1　过程

河口是河水（淡水）和海水（盐水）混合的地方。河口既是污染物的汇也是污染物的源，主要取决于以下条件：

（1）污染物的地理来源（海洋、河流、地球内部和大气）；

（2）污染物的生物和化学性质；

（3）潮幅、河川径流、季节、风场和波浪的时间变化。

潮汐、涌浪和波浪通常是河口能量输入的主要来源。河口区的温度、光照条件、波浪、径流量、分层、营养物质、氧气和浮游生物具有明显的季节性周期变化特征。这些季节性周期变化及极端偶发事件可能对河口生态有着极为重要的意义。例如，海水的轴向入侵调整及垂直分层变化与盐度、温度密切相关，会导致敏感物种的迅速入侵或灭绝。同样，改变较大尺度的背景环流场可能会影响连续示踪剂的路径，从而导致示踪剂累积。Dyer（1997 年）对上述过程进行了更为深入的描述并对本书中采用的许多术语给出了实用定义。

潮流的纵向和横向剪切力产生的微小尺度湍流决定了总混合率。然而，对于水流及污染物的潮汐循环，其振幅和相位的三维（3D）变化相互作用，使示踪剂分布的时空变化极端复杂，从而使混合过程也更加复杂。小潮时，近河床的咸潮入侵可能会增加稳定性；而大潮时，近表层海水水平对流增强可能导致海水密度分层颠倒。同时，温度梯度可能也很重要。太阳辐射使垂直密度剖面稳定，然而风的作用却促进表层水冷却，从而导致水的垂直密度分布颠倒。在极度混浊的状态下，由于悬浮泥沙浓度导致的密度差异也可能会抑制咸淡水的湍流混合。

潮能输入范围主要局限于几个分潮。其中在中纬度，M_2 主太阳分潮的潮能输入一般大于其他分潮总和，这为潮汐扩散方程的线性化提供了方便。然而，咸淡水混合涉及大量的非线性过程，且相互作用，因此模拟难度较大。河口区潮汐、涌浪和波浪以及相关湍流能量的"衰变时间"常以小时计。相比之下，河流入海的冲刷时间一般以天计。因此，前者的模拟不依赖初始条件，而后者的模拟则因误差累积而复杂化。

1.1.2 历史演变

随着末次冰期的结束，冰盖融化、地壳构造反弹、平均海平面（msl）上升等致使海岸线后退，从而河口的形态结构和动力学特征也发生重大变化。大规模的冰期后融水深切河道，随后沉积物充填，充填速率取决于当地可充填的沉积物量。森林砍伐及后续耕作方式极大地改变径流形态以及河流沉积物的数量和性质。因此，当前的河口形态既是近期城市发展及工程建设影响的结果，也是地壳运动、气候变化等长期、大规模作用调整的结果。

为充分利用河口区的内河航运和沿海航运条件以及淡水和渔业资源，几乎所有的主要河口周围都建有码头和城市。近来，内河航运规模普遍下降，河口区的历史作用受到日益严重的洪水威胁。由于河口区重工业发展，其污染物残留会威胁到河口地区的生态多样性和娱乐景观用途。国内和国际有关水质的普遍立法可能会限制河口区的发展，特别是因为污染物来源的不确定性和历史残留污染物使排放量与相关浓度的关系变得复杂。由于法律约束以及未来气候变化影响的不确定性，河口区发展可能会遭遇计划萎缩症，不利于河口区的发展。因此我们需要更清楚地认识河口区的相对敏感性，更加真实地分析河口区的脆弱性。

1.2 挑战

在 22 世纪，海平面上升可能会影响河口周边城市，因此需要增加防洪投资或者战略设施迁移的投资，这直接涉及潮汐、涌浪和波浪的变化幅度。然而，长期要面临的根本问题（以 10 年计）是：河口区的测深技术如何适应海平面上升对潮汐、涌浪和波浪等动力过程的影响（图 1.1；Prandle，2004 年）。除了洪水威胁，河口区的可持续发展也日益受到关注。随着发展规模的不断扩大，协调经济效益与自然环境之间的关系成为全社会共同面临的问题。

1.2.1 科技进展

在计算机得到广泛应用之前，河口区的水动力作用及混合作用主要依靠水力学缩放模型来进行模拟。按照比例缩放的原则使潮汐扩散方程中各主导项间的比例保持不变。随后的模型验证通常仅限于河口潮汐高度的再现。随后观测能力的增强预示着：当这种模型用于研究海水入侵、泥沙运动和河口形态变化时，会出现困难。

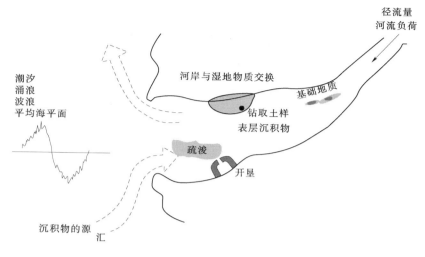

图 1.1　影响河口测深的主要因素示意图

即使在今天，复杂的三维数值模型验证也仅限于模拟 M_2 分潮的周期——不能够保证高次谐波和余波特征再现的准确性。同样，这些高精度的 3D 模型在重现复杂的混合和沉积过程时也可能会遇到困难。此外，缺乏观测数据总是会限制敏感性试验的结果分析。然而，模型方法相对经济且发展迅速，而观测方法成本高、观测技术的发展往往需要数十年。因此，如何运用科学理论减少模拟值与观测值之间的差距是河口研究中面临的主要挑战。除了历史数据，利用风的记录构建的波浪数据、附近地区的洪水统计数据、指示咸潮入侵的动植物沉积记录、证明极端事件的异常化石层特征等"替代"数据也要采用。

河口研究中出现的焦点问题如图 1.2 所示。这些问题促使相关理论、模拟技术以及观测技术齐头并进、迅速发展，用以解决不断发展的政治议题。

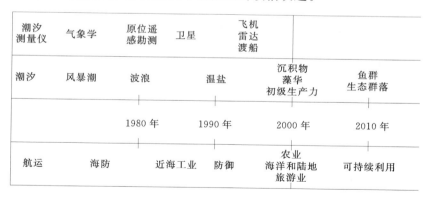

图 1.2　关键过程、"终端用户"及观测技术的历史演变

1.2.2　关键问题

后续章节分别解决以下关键问题：

问题 1：如何制定河口可持续利用战略？

问题 2：河口的形状、长度、摩擦和淡水流是如何影响河口潮汐的？为什么一些潮汐

成分增强而另一些则减弱？这种情况为何在不同河口区有所不同呢？

问题 3：潮流如何随水深、摩擦、纬度和潮周期变化？

问题 4：海水是如何入侵、混合的？大小潮周期和河流丰枯水周期对该过程有何影响？

问题 5：河口动力如何决定悬浮泥沙的范围？

问题 6：哪些因素决定了河口形状、长度和深度？

问题 7：悬浮泥沙的捕获、分选和高浓度是由什么因素导致的？涨落潮时的泥沙通量平衡如何变化来维持测深稳定？

问题 8：河口区将如何适应全球气候变化？

1.3 内容

1.3.1 顺序

各章内容按逻辑顺序安排如下。主要内容包含：潮汐动力学；潮流；咸潮入侵；泥沙情势；同步河口：动力学、咸潮入侵与测深学；同步河口：泥沙捕获与分选-稳定形态学；可持续发展战略。第 2 章推导得出一阶河口动力学的解析解，为后面章节提供了基础理论体系。与此相关的潮流内容将在第 3 章中作详细介绍。河口区的潮流和潮位基本上不受生物、化学及沉积过程影响，除了这些过程对河床摩擦系数的影响。相反，生物、化学及沉积过程通常会受到潮流运动的显著影响。因此，第 4、第 5 章将讨论潮汐运动如何影响河口区的水动力混合与沉积作用。第 6、第 7 章将这些理论应用到同步河口中，得出潮流、河口长度和深度、泥沙分选和捕获的显性算法，以及基于潮幅和径流量的测深体系。

1.3.2 潮动力

第 2 章分析潮汐的传播过程，阐述潮位和潮流在河口区的变化并分析其原因（图1.3；Prandle，2004 年），并图解说明潮汐的半日分潮和全日分潮在河口内产生附加高次谐波和余流的作用机理。为方便起见，本书普遍采用 M_2 分潮的线性方程，第 2 章将对此进行详细介绍。许多早期的课本和文献重点关注大型深水河口，此类河口的摩擦力影响小。本书将就如何区分深水河口与摩擦力影响较大的浅水河口进行阐述，并分析其影响特征的巨大差异。

1.3.3 潮流

第 3 章分析了潮流的纵向（轴向）变化、横向变化以及表层到河床的变化。潮流椭圆可以分解为顺时针和逆时针分量，用来解释潮流流速、流向和相位的变化。虽然第 3 章的重点是分析潮流的性质和范围，但对风生流和密度流的特性也进行了说明。特别强调的是如何提取换算因子，用于概述深度、摩擦因子和科里奥利系数（即纬度）等水环境参数的影响（图 1.4；Prandle，1982 年）。

1.3.4 咸潮入侵

如前所述，河口是咸淡水混合的区域，第 4 章则对咸淡水的混合过程进行了详细分

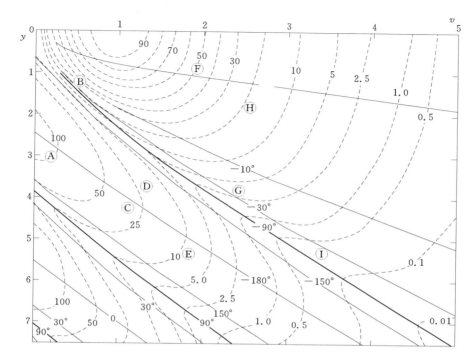

图 1.3　漏斗形河口的潮位响应

v—河口的漏斗形程度；y—到口门（$y=0$）的距离；虚线等值线—相对振幅，实线等值线为相对相位；
河口 A-I（M_2 分潮）的长度 y 值和形状 v 值如表 2.1 所示

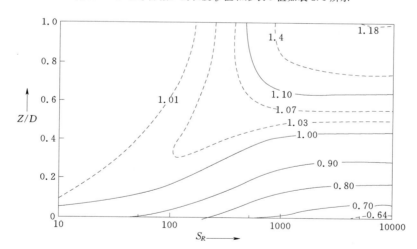

图 1.4　潮流的垂向剖面，$U^*(Z)/U^*_{mean} \sim S_R$ 曲线

S_R—斯托罗哈数；U^*—潮流振幅；P—潮汐周期；D—水深；$S_R = U^* P/D$

析。介绍如何修正现有恒定过水断面渠道的咸潮入侵理论，用于分析漏斗形河口的盐淡水混合过程。咸水入侵时，轴向位置和混合长度会同步调整，有助于理解咸潮入侵随高低潮及丰枯条件的变化发生变化的机理和成因等传统问题（图 1.5；刘等，2008 年）。

潮汐引起的湍流的垂向分量是盐淡水混合的主导因素，这一理论被学界所公认。本书分析了潮汐应变作用及其相应的对流作用相结合的重要性。

潮流比 U_0/U^* 与径流和潮汐有关，是河口区分层的最直接的决定性因素。

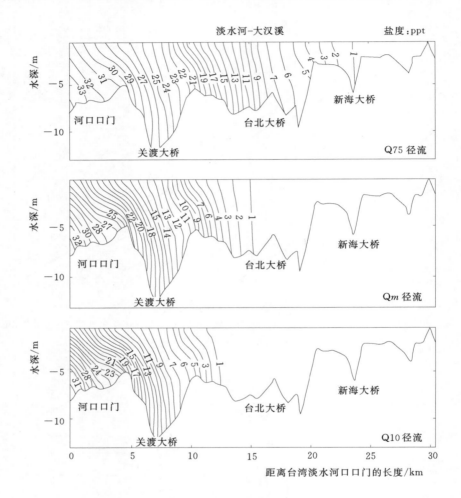

图 1.5　台湾淡水河的盐度轴向变化（‰）

Q75—保证率为 75% 的径流；Q10—保证率为 10% 的径流

1.3.5　泥沙情势

第 5 章采用了与传统方法完全不同的方法研究泥沙沉积，重点介绍了在强潮河口中的泥沙情势特点。

本章推导出了概述并集成侵蚀、悬浮和沉积过程的解析解，用来描述泥沙浓度的量级、时间序列和垂直结构。通过上述描述，可以依据泥沙类型、潮流流速和水深来全面分析泥沙沉积情势（图 1.6；Prandle，2004 年）。此外，构建了相关理论，据此悬浮泥沙时间序列（通过模拟或者观测获得）的潮汐分析可以用来解释泥沙沉积的基本特征。

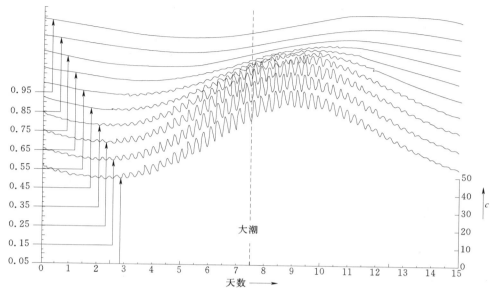

图 1.6　近河床上部大小潮时的泥沙浓度模式

1.3.6　同步河口：动力学、咸潮入侵和测深学

　　海面坡度的产生有两个方面的因素，一是潮汐相位的轴向梯度，二是潮汐振幅的变化梯度，在同步河口，前者的值明显大于后者的值。第 6、第 7 章中假设存在"同步河口"，将前面章节介绍的理论集成为一个分析模拟器，综合了潮汐动力学、咸水入侵和沉积机理

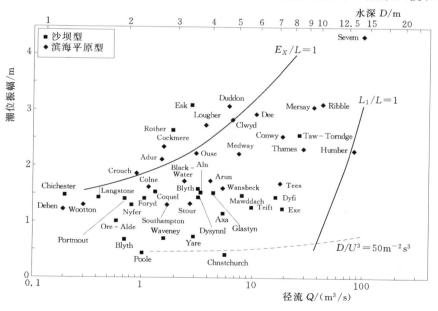

图 1.7　河口测深区

　　注　平原海岸型河口及沙坝型河口坐标 (Q, ς) 中，Q 为径流量，ς 为潮位振幅。测深范围边界条件为 $E_X < L$，$L_1 < L$ 并且 $D/U^3 < 50\mathrm{m}^{-2}\mathrm{s}^3$。

等，第6章中复核了河口中任一点的潮汐响应特征。在"同步"河口的假设条件下，推导出了潮流振幅、相位及海底坡度的显式表达式，结合后面的公式，可以估算河口形状和长度。将上述结果结合现有咸潮入侵距离公式，并假设混合发生在咸水上溯的向海边界，便可以得到河口处水深和径流的关系表达式。由此，制定了河口测深体系，并明确指出潮汐振幅和径流的"边界条件"如何决定河口的形状和大小（图1.7；Prandle等，2005年）。

1.3.7　同步河口：泥沙捕获和分选-稳定形态学

第7章中介绍了如何结合潮汐动力学和悬浮泥沙延时沉积保持"同步"河口区的测深稳定性。分析模拟器集成了潮流和余流结构的显性公式以及泥沙冲刷、悬移和沉积过程，可以用于评估悬浮泥沙浓度和净泥沙通量及其影响因子的性质。量纲分析可以表明潮汐非线性、重力循环和延迟沉降等相关项的相对影响。

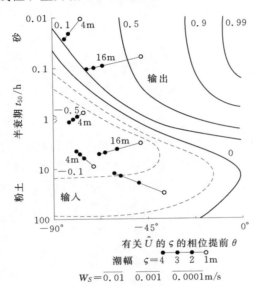

图1.8　泥沙净输入-输出示意图 $[f(\theta, t_{50})]$
注　式（7.33）理论等值线；大小潮时潮汐振幅变化的具体案例，$\varsigma=1，2，3，4m$；沉降速率 $W_s=0.0001，0.001，0.01m/s$；水深，$D=4，16m$。

该分析模拟器可以用于计算维持泥沙零净通量必需的条件，泥沙零净通量是指测深稳定状态。分析结果表明细质泥沙如何输入、粗质泥沙如何输出（即泥沙的选择性捕获、分选以及最大浑浊带的形成），其中大潮时潮流所携带的泥沙输入量比小潮时的泥沙输入量大。为保持稳定测深推导出的条件，扩展了早期有关涨潮优势泥沙情势和落潮优势泥沙情势的一些概念。耐人寻味的是，这些条件与最大悬浮泥沙带的形成相对应。此外，相关的泥沙沉降速率与许多河口中观测到的沉降速率密切吻合。图1.8（Lane和Prandle，2006年）对上述结论进行了概括，说明了泥沙输入对延迟沉积（悬浮泥沙沉降的半衰期—t_{50}为其典型特征）以及潮流和潮位之间相位差 θ 的依赖性。潮动力和净沉积/净侵蚀作用之间的反馈机制与悬浮泥沙和沉积泥沙的相互作用有关。

将第6、第7章中的结论与美国、英国及欧洲河口的测深和泥沙沉积条件的观测值进行对比。此外，将分类结果进行概述，从而使任一具体河口的特征可以直接与上述理论对比，并作为其他河口的参考。"异常"河口的识别有助于我们深刻认识"特殊"条件，突出可能会出现的敏感性增强。利用海平面上升的干扰率，河口深度观测值与理论值之间的差异可以用来估算河口"年龄"。

值得注意的是，新的河口区测深动力理论并没有考虑到河口区的泥沙沉积情势。该理论的成功应用推翻了以下传统假设：河口区的主要泥沙情势决定了河口区测深。实际则恰恰相反，河口区的主要泥沙情势是河口区测深的结果，不是其决定因素。

1.3.8　可持续发展战略

全球气候变化正在增大全球河口区的洪水风险。要解决这种风险胁迫并协调开发和保护之间的关系，迫切需要提高科学认识，运用计算机模型区分人类活动影响和自然变异并进行预测。科学认识的提高，需要长期的数据集，同时要求具备系统的海洋监测程序。海洋监测包括遥感、系泊监测和滨海观测台站。同样，要解译集合建模的敏感性模拟结果、协调不同河口类型的不同结果，需要理论体系的持续发展。

第 8 章对模拟技术、观测技术及其理论进展进行了论述，并通过默西河口（Mersey Estuary）的数据进行验证（图 9）。此外，运用前面章节分析的理论，定量评价了全

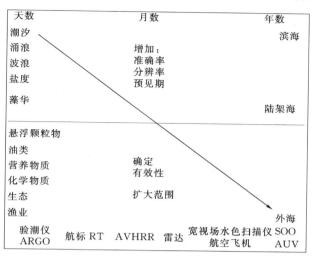

图 1.9　模型的发展：参数增加、观测技术提升、时间、空间尺度

球气候变化对一系列河口的影响。本章特别强调国际合作的重要性，通过国际合作获取资源，减少威胁，从而改善河口活力。

1.4　模拟与观测

本书重点在于理论体系的构建，为模拟测量和规划测量奠定了理论基础，此外本书也介绍了模型和观测手段的潜力和局限性。

1.4.1　模拟

将理论纳入模型算法，并且在业务性、预操作性及"探索性"模式中使用观测值进行模型设置、初始化、计算、外力胁迫、数据同化以及模拟结果的同化和评价（附录 8A）。模型的有效性受限于方程或算法综合考虑河口管理过程的程度，并且受限于数值精度和离散精度。模型的模拟精度取决于观测数据或其他相关模型的模拟数据（如近海模型、气象模型和水文模型）的有效性和适用性（包括精度、分辨率、代表性和持续时间）。

有关参数主要包括潮汐、涌浪、波浪、潮流、温度、盐度、浊度、冰、泥沙输移和不断增加的各种生物和化学成分。模型模拟的完整范围涵盖大气-海洋-海岸-河口，包括物理-化学-生物学-地质-水文过程，时间跨度可为几个小时、几个世纪甚至几千年。最新的进展将上述模型纳入各种社会、经济规划背景，已经扩展到全系统模拟。

分辨率。

模型共有 4 种形式。

（1）零维概念模块，可以纳入整体系统模拟。

（2）一维模型（1D），单点垂向过程研究或用截面轴向平均值来表示。

（3）二维模型（2D），垂向平均值来描述水平循环。

（4）三维模型（3D）。

在过去的 40 年中，数值模拟的范围迅速扩展，从水动力领域到生态学领域，并且分辨率也明显增加，由过去的一维正压模型发展为如今的三维斜压模型。其中，三维斜压模型包含了温度、盐度引起的密度变化。随着计算技术的迅速发展，分辨率也由通常 100 个轴向剖面发展为成千上万个要素。与此同时，尽管遥感技术和传感器技术也取得了惊人的进步，但观测能力的发展未能并驾齐驱。

河口口门区海平面的潮汐预测已经有一个多世纪的进程。潮流传播动力几乎完全由河口口门潮汐和河口测深的综合作用决定，并受到河床糙率和径流量的影响。早在 20 世纪 60 年代构建的一维模型可以精确地模拟潮高和相位的传播过程。然而，微小空间尺度内的潮流变化反映了局部测深变化，会产生水平和垂直维度的小尺度变化。计算技术的持续发展使一维模型扩展到二维与三维，而且分辨率不断提高，可以模拟小尺度的变化。湍流对潮流和波浪动力的全面影响及其与近河床过程的交互作用有待深入了解。目前，大多数三维河口模型使用一维（垂直）湍流模块。湍流模型的发展离不开新测量技术的支撑，例如显微剖面仪，其探测数据可直接与模拟的能量耗散率对比。

最新的模型可以准确的预测测深（开垦和疏浚工程）、径流和河床糙率（与表层泥沙或者动植物有关）变化对潮位和潮流的直接影响。同样，这些模型也可以用来估计盐度分布的变化（从退潮到涨潮、大潮到小潮、径流丰水到枯水），尽管准确度会有所降低。此外，预测较为长期的泥沙再分配仍然具有很大难度。化学和生物过程对河口环境的调节作用会发生细微变化，因此确定泥沙来源、侵蚀和沉降速率、泥沙悬浮动力场以及不同类型混合泥沙类型间的相互作用明显存在困难。

较高的分辨率可以直接提高模拟精度。同样，适应性和灵活性强的栅格以及较为复杂的数值方法可以减少"数值弥散"问题。在水平方向上，广泛应用矩形栅格，经常采用纬度和经度的极坐标。不规则栅格用于可变分辨率，一般采用三角形或者曲线形栅格。垂直分辨率要根据近河床或近表层或温跃层中的具体情况进行调整。Sigma 坐标系应用广泛，使其垂直栅格尺寸与深度成正比，适合底层流。在流体力学的计算过程中，连续的自适应栅格提供了广泛的时空分辨率，这在多相过程中尤为重要。

目前，一阶动力学得到了很好地理解，并且能够准确模拟。因此，现阶段的研究主要集中于二阶效应，即高阶潮汐和余流、潮流的垂向、侧向和高频变化、盐度等。针对污染物净交换量研究中需要迫切解决的问题，了解其非线性相互作用非常重要。此外，准确的时间平滑要求潮流、潮位和密度时空分布的二阶精度满足要求。高阶的数值模拟要求越来越精细的分辨率。然而，尽管计算能力自一阶模型开始便成指数型增长，但计算能力的限制仍然是高阶模型的一大障碍。

1.4.2　观测

严格的模型评价和模型所需观测数据的有效同化对兼容性要求很高，要求所有参数的时间和空间分辨率及其精确度具备很强的兼容性。提供观测数据所需的技术手段很多，传感器和观测平台的发展、最优监控策略的设计和数据分析、处理和同化。

河口模型的构建需要精确的测深，并具高分辨率。更为理想的是，对表层泥沙或河床糙率也需要相应的精确描述。此外，随后的外力胁迫需要外海边界处的潮汐、涌浪和波浪数据、河口区的径流数据以及相关的温度、泥沙和生态特征。

传感器使用机械、电磁、光学和声学介质。观测平台涵盖了原位平台、滨岸平台、船载平台和遥感平台，如卫星、飞机、雷达、航标、浮子、系泊设备、滑翔机、自动水下航行器、监测渡轮和岸基验潮仪。

遥感技术已经发展成熟，可以为我们提供有用的海风、波浪、温度、冰情、悬移泥沙、叶绿素Ⅱ、涡流和锋的位置。然而，这些技术只能够提供海洋表面的值，因此垂直剖面的原位观测很有必要，而且大气变形的矫正也必须采用原位观测数据。航空监测使空间分辨率提高，对于河口地区尤为重要。高频雷达也提供了潮流、波浪和风的表面场概况，其尺度适合河口模型验证。

观测程序可以分为三类：测量、观察和监测。过程测量旨在了解详细具体的运行机理，通常会关注局部地区的短期过程，例如：极端潮汐、波浪混合条件下的泥沙侵蚀公式的推导。试验台观测旨在描述大范围内、长时间的大量参数值（时间尺度可以涵盖参数的主要变化周期长度）。因此，长达一年的河口区潮汐、盐度和泥沙分布的测量为数值模型的率定、评估和发展奠定了坚实的基础。监测意味着永久的记录，如验潮仪。仔细选址、持续维护以及能够满足主要变化周期的采样频率是不可或缺的。综合性的监测战略可能会包含上述三个类别，并存在着重复和协同，才能保证监测质量。模型可以用来确定相干性的时空模式和尺度，以确立样本分辨率，并优化比选传感器、仪器设备、观测平台和位置。滨海天文台现在已经将观测内容拓展到包含物理、化学和生物参数。

遥相关。除了实时要求及区域性要求，还需要海洋循环中可能会发生变化的相关信息，这些变化可能会影响区域气候、营养物质的源和汇、污染物、热能等。相关的信息通过气象模型、水文模型或者是浅海模型获取。最终，全球实时耦合模型将包含全球水循环（附录8A）。由于海洋的巨大深度，全球气候变化（global climate change）对其影响具有固有的长期滞后性。相反的，在浅水河口，系统区域变化的探测则为即将产生的气候变化影响提供预警信号。

1.5 公式和理论框架小结

下面的这张图表将下面章节中出现的公式和理论进行了总结。

参　　数	相　关　关　系	方程编号
（a）潮流振幅	$U^* \propto \varsigma^{1/2} D^{1/4} f^{-1/2}$　浅水区	（6.9）
	$\propto \varsigma D^{-1/2}$　深水区	（6.9）
（b）河口区长度	$L \propto D^{5/4} \varsigma^{1/2} f^{1/2}$	（6.12）
（c）河口口门水深	$D_0 \propto (\tan\alpha Q)^{0.4}$	（6.25）
（d）水深变化	$D(x) \propto D_0 x^{0.8}$	（6.11）
（e）摩擦比率	$F/\omega \propto 10\varsigma/D$	（6.8）
（f）分层界限	$\varsigma \sim 1m$	（6.24）
（g）咸潮入侵	$L_1 \propto D^2 / f U_0 U^*$	（6.16）

续表

参　数	相　关　关　系	方程编号
（h）测深区域	$L_I < L$，$E_X < L$ 以及 $D/U^{*3} < 50\,\mathrm{m^{-2}s^3}$	（6.23）
（i）冲刷时间	$T_F \propto L_I/U_0$	（6.17）
（j）悬浮泥沙浓度	$C \propto fU^*$	（7.36）
（k）均衡沉降速率	$W_S \propto fU^*$	（7.35）

注　ς 为潮位振幅；f 为河床摩擦系数；Q 为潮流速度为 U_0 时的径流量；$\tan\alpha$ 为潮间带侧向坡度；F 为线性摩擦系数，ω 为分潮频率；E_X 为潮程。

　　为阐明主要分潮的潮位和潮流（横断面均值）的振幅和相位变异，已经建立了相关理论体系。垂直潮流结构的定性分析主要用于：震荡潮汐成分和余流成分。其中，余流成分和径流、风力有关，并受充分混合的密度梯度和完全分层的密度梯度影响。这些动力学结果为咸潮入侵和泥沙运动理论体系奠定了基础。这些理论在同步河口中的进一步应用还能用于阐明与稳定测深和沉积情势相对应的条件。

理　论　框　架	图	相关问题
（T1）潮汐响应	2.5	Q2
（T2）潮流结构：（a）潮汐的	3.3	Q3
（b）河流的（风和密度梯度）	4.4	
（T3）咸淡水混合	4.13	Q5
（T4）泥沙浓度	5.6	
（T5）水深		
（a）测深区域	6.12	Q6
（b）稳定性	7.7	Q7
（c）长度与深度	8.7	
（d）W_S，C，T_F	7.11	

注　1. W_S 为稳定测深的沉降速率；C 为平均悬浮泥沙浓度；T_F 为冲刷时间。

　　2. Q2～Q8 是有关于第 2～第 8 章的小结中所强调的基本问题。

　　3. 式（4.44）用来解决 Q4，图 7.9、图 7.10 和表 8.4 用来回答 Q8。图 1.2 和 1.4 节总结与 Q1 有关的问题。

附录 1A

1A.1　潮汐的形成

　　本书提到的许多理论都是针对强感潮河口。强感潮河口中 M_2 分潮振幅是确定以下参数的基础：线性河床摩擦因素、紊流黏滞性系数和扩散系数以及悬浮泥沙的半衰期。图 1A.1 表示默西河口（Mersey Estuary）的潮位，说明了 M_2 主太阴半日分潮的优势。在这里，我们简短地介绍一下潮汐的形成，说明潮汐的波谱变化和纬度变化。Cartwright（1999 年）对潮汐理论的发展进行了严谨的分析，并有历史依据可供参考，详见 Cartwright（1999 年）。若需要插图解释和简化的演绎推理过程，可以参看 Dean（1966 年）。

牛顿的引力理论表明物体间的引力和它们质量的乘积成正比，与距离的平方成反比。这意味着只有太阳和月亮产生的潮汐作用需要考虑。从数学角度来看，并简化起见，认为太阳围绕着固定的地球做旋转运动。同样，太阳和月球会产生引力。

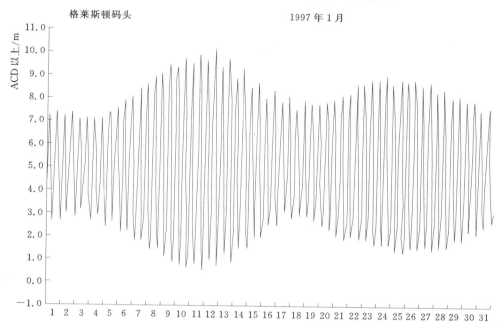

图 1A.1 默西河口（Mersey Estuary）的潮位日变化图

1A.2 不旋转的地球

由于月球运动而在地球表面产生的引力可以分为两个分量：

切向力：
$$\frac{3}{2}g\frac{M}{E}\left(\frac{a}{d}\right)^3\sin2\theta \tag{1A.1}$$

径向力：
$$g\frac{M}{E}\left(\frac{a}{d}\right)^3(1-3\cos^2\theta) \tag{1A.2}$$

M/E 为月球与地球的质量比，即 $1/81$；a/d 为地球半径和地月距离的比值，即 $1/60$；月球经度 θ，其测量与其在白道面的分布有关。与重力 g 相比，径向力可忽略不计。

对切向力进行积分运算，表示表面位移，采用的积分常数满足质量守恒定律：

$$\eta=\frac{a}{4}\frac{M}{E}\left(\frac{a}{d}\right)^3(3\cos2\theta+1) \tag{1A.3}$$

这与地球的侧面凸起相对应，近月点、远月点凸起约为 35cm，在"极点"下陷约 17cm。

1A.3 旋转地球

考虑到地球的旋转运动，$\cos\theta=\cos\varphi\cos\lambda$，其中：$\phi$ 是纬度，λ 是角位移。因此

$$\eta=\frac{a}{2}\frac{M}{E}\left(\frac{a}{d}\right)^3(3\cos^2\varphi\cos^2\lambda+1) \tag{1A.4}$$

由此可以看出，每天出现两次潮汐（即半日潮）。半日潮在赤道地区（纬度为 0）振

幅最大，在两极（纬度为 90°）振幅为零。主太阳半日分潮（S_2）的周期为 12h。月球的公转周期为 27.3d，可以将主太阴半日分潮的周期延长至 12.42h。M_2 和 S_2 两种分潮相位一致状态或相反状态相继间隔出现，随后出现普遍存在的大潮-小潮的潮汐变化。当太阳、月球与地球处于同一直线上时，即处于新月或满月时，上述两种分潮同相。

1A.4 赤纬

月球的运行轨道和赤道之间有一个大约 5° 的交角，导致每天的（1A.4）值不相等，从而产生主太阴全日分潮 O_1。对应太阳赤纬为 27.3°，产生了主太阳全日分潮 P_1 以及太阴太阳赤纬全日分潮 K_1。月球的赤纬变化周期为 18.6 年，期间会使太阴分潮的大小产生约 ±4% 的变化。

1A.5 椭圆轨道

月球和太阳的轨道近似为椭圆形，因此月地距离或者是日地距离会发生变化。对于月球来说，由此会产生主太阴椭圆率半日分潮 N_2；对月球来说，会产生一年为周期的太阳分潮 Sa 和半年为周期的 Ssa 分潮。

1A.6 太阳引力和月球引力的相对大小

尽管太阳和地球的质量比为 $S/E = 3.3 \times 10^5$，远大于月地质量的比值 M/E，但距离对引力的作用抵消了质量对引力的作用，地日距离和地月距离的比值 $d_s/d_m = 390$。因此，太阳引力和月球引力的相对大小由 1A.4 计算求得：$(S/M)/(d_s/d_m)^3 = 0.46$。

1A.7 平衡成分

基于上述分析，相对于 M_2 分潮，各主要分潮的"平衡"量级分别为：$S_2 = 0.46$、$O_1 = 0.42$、$P_1 = 0.19$、$N_2 = 0.19$ 和 $K_1 = 0.58$。

1A.8 旋转潮波

如果考虑深海潮汐势能，邻近陆架海域的"直接"吸引力来自外海的能量传播相比可以忽略。结果，内海和湖泊中的潮汐通常是最小的。实际上，世界海洋会对上述潮汐力产生动态响应。在海盆或是陆架海中会以旋转潮波的形式作出反应，北海（North Sea）M_2 分潮的旋转潮波如图 1A.2（Flather，1976 年）所示。上述海盆或陆架海中的潮汐振幅是沿海最大的，其相位顺时针或逆时针旋转，使得海盆内高低水位之间相互平衡。由于上述表面位移在一个潮汐周期内围绕该系统传播，涨潮和退潮时单个颗粒的位移基本不会超过 20km。

这些共振系统可以累积若干个周期的能量（参见 2.5.4 节），致使新月或满月之后几天会出现涨潮。海盆地形可以有选择性地放大不同分潮的旋转潮波。一般来说，相比全日潮，观测到的半日分潮振幅要明显大于上述平衡量级对应的振幅。

1A.9 月分潮、双周分潮和 1/4 分潮

在浅水区或测深发生突变的附近水域，不同分潮间会发生相互作用（见 2.6 节）。其三角函数表达式如下：

$$\cos\omega_1 \cos\omega_2 = 0.5[\cos(\omega_1 + \omega_2) + \cos(\omega_1 - \omega_2)] \tag{1A.5}$$

ω_1 和 ω_2 两种组分的产物是其合频和差频组分。因此，涉及 M_2 和 S_2 分潮的项会形成 1/4 分潮 MS_4 和双周分潮 MS_f。同样，M_2 和 N_2 分潮产生 1/4 MN_4 分潮和月分潮 M_m。

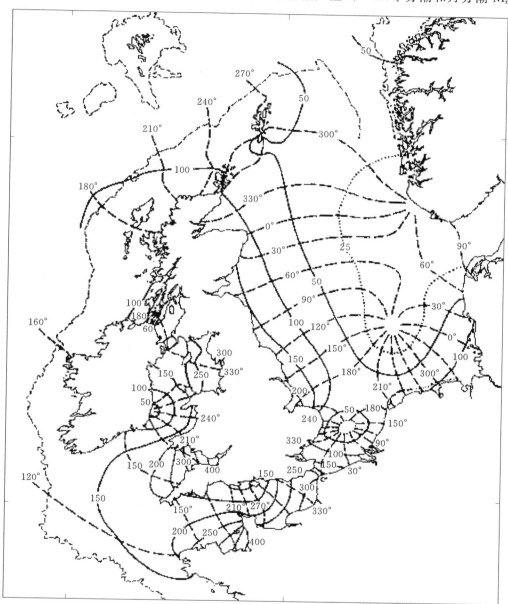

图 1A.2　欧洲西北部大陆架地区的 M_2 分潮旋转潮波

参考文献

Cartwright, D. E., 1999. Tides: A Scientific History. Cambridge University Press, Cambridge.

Dean, R. G. , 1966. Tides and harmonic analysis. In: Ippen, A. T. (ed.), Estuary and Coastline Hydrody-
namics. McGraw - Hill, New York, 197 - 230.

Dyer, K. R. , 1997. Estuaries: A Physical Introduction, 2nd ed. John Wiley, Hoboken, NJ.

Flather, R. A. , 1976. A tidal model of the north west European Continental Shelf, Memoires Societe Royale
des Sciences de Liege, Ser, 6 (10), 141 - 164.

Lane, A. and Prandle, D. , 2006. Random - walk particle modelling for estimating bathymetric evolution of
an estuary. Estuarine, Coastal and Shelf Science, 68 (1 - 2), 175 - 187.

Liu, W. C. , Chen, W. B. , Kuo, J - T, and Wu, C. , 2008. Numerical determination of residence time and
age in a partially mixed estuary using a three - dimensional hydrodynamic model. Continental Shelf Re-
search, 28 (8), 1068 - 1088.

Prandle, D. , 1982. The vertical structure of tidal currents and other oscillatory flows. Continental Shelf Re-
search, 1, 191 - 207.

Prandle, D. , 2004. How tides and river flows determine estuarine bathymetries. Progress in Oceanography,
61, 1 - 26.

Prandle, D. , Lane, A. , and Manning, A. J. , 2005. Estuaries are not so unique. Geophysical Research Let-
ters, 32 (23) .

2 潮汐动力学

2.1 引言

河口区的潮汐传播可以通过数学模型或水文比尺模型精确地模拟。然而，这类模型不能用来直观地理解基本机理，且不适用于控制参数的敏感性分析。虽然式（2.8）和式（2.11）对摩擦项和水深项均有明确说明，但并不能解释潮汐为什么在一些河口中明显增强，而在其他河口中又迅速减弱。本章的目的是推导解析解从而建立理论体系，进一步指导具体建模和监测研究，并有助于进一步分析、探索河口区的一般响应。

本章提出的大部分理论均假设：河口区的潮汐传播可以通过一维浅水波方程分析。其中，第 2.2 节提出浅水波简化为一维断面的基础。一维方程进一步简化为线性形式，得到局部解，详见 2.3 节。在 2.4 节中，引入几何算式来近似表示河口测深，从而确定整个河口的响应。河口潮汐响应的几何表现形式主要通过以下方式近似表示：①宽度和深度变化 $B_L(X/\lambda^n)$ 和 $H_L(X/\lambda^m)$，其中 X 是距离河口顶端的长度，即潮汐影响的上游边界位置；②宽度和深度的指数变化；③“同步”河口。第 6 章和第 7 章对“同步河口”进行了详细阐述，其几何形式与 $m=n=0.8$ 条件下的①相符。其解析解通过无量纲形式的相关方程转换、并纳入整个理论体系，用以说明大范围河口条件下的潮位和潮流。潮流响应的细节将在第 3 章详述。

单个（M_2：主太阴半日分潮）分潮占优势为摩擦项的线性化（如 2.5 节所述）提供了坚实基础。河口区的潮汐传播经过快速变化的浅水地形会发生长距离运动。尽管一阶潮波运动对于小规模的地形变化相对不敏感（Ianniello，1979 年），第 2.6 节将会阐述相关的非线性特性如何引发明显的高次谐波和余流，并使其具有显著的空间梯度。

最后，第 2.7 节分析了波浪与潮汐之间相互作用的特点。

2.2 运动方程

在任意高度 Z（河床垂直向上的测量高度），沿正交水平轴 X 和 Y 方向的运动方程，用笛卡尔坐标（忽略垂直加速度）表示如下。

X 轴方向加速度：

$$\frac{\partial U}{\partial t} + U\frac{\partial U}{\partial X} + V\frac{\partial U}{\partial V} + g\frac{\partial \varsigma}{\partial X} - \Omega V = \frac{\partial}{\partial Z}E\frac{\partial U}{\partial Z} \tag{2.1}$$

Y 轴方向加速度：

$$\frac{\partial V}{\partial t} + U\frac{\partial V}{\partial X} + V\frac{\partial U}{\partial Y} + g\frac{\partial \varsigma}{\partial Y} - \Omega U = \frac{\partial}{\partial Z}E\frac{\partial U}{\partial Z} \tag{2.2}$$

连续性：
$$\frac{\partial U}{\partial X}+\frac{\partial V}{\partial Y}+\frac{\partial W}{\partial Z}=0 \tag{2.3}$$

式中：U、V 和 W 为沿 X、Y 和 Z 轴的速度；ς 为表层高程；$\Omega=2\omega\sin\varphi$ 为科氏参数，用来代表地球自转的影响（$\omega=2\pi/24\mathrm{h}$）；φ 是纬度、E 是垂向涡流黏滞系数。在式（2.1）和式（2.2）中忽略由于风、密度梯度或者气压梯度产生的力。

方便起见，在许多应用中通常将河床和表层之间垂向一体化。垂向平均方程形式相同，下列情况例外：

（1）在式（2.1）中非线性的对流项 $U(\partial U/\partial X)+V(\partial U/\partial Y)$ 和式（2.2）中对流项 $U(\partial V/\partial X)+V(\partial V/\partial Y)$ 乘以相关系数。这些系数根据 U 和 V 的垂直结构确定；为简便起见，通常假定这些系数为 1。

（2）表面应力为零时，垂直黏度项用河床应力项 $\tau_x/\rho Y$ 和 $\tau_y/\rho Y$ 代替，假定河床应力项 $\tau_x/\rho Y$ 和 $\tau_y/\rho Y$ 与河床流速平方的相应部分呈正比，即
$$\tau_x=-\rho f U(U^2+V^2)^{1/2},\ \tau_y=-\rho f V(U^2+V^2)^{1/2} \tag{2.4}$$

式中：ρ 为水的密度；f 为河床应力系数（≈0.0025）。

（3）水面和河床的动力边界条件为：
$$W_s=\frac{\partial\varsigma}{\partial t}+U\,\frac{\partial\varsigma}{\partial X}+V\,\frac{\partial\varsigma}{\partial Y}$$

以及
$$W_0=-U\,\frac{\partial D}{\partial X}-V\,\frac{\partial D}{\partial Y} \tag{2.5}$$

从而得出垂向平均连续性方程：
$$(D+\varsigma)\frac{\partial\varsigma}{\partial t}+\frac{\partial}{\partial X}U(D+\varsigma)+\frac{\partial}{\partial Y}V(D+\varsigma)=0 \tag{2.6}$$

Ianniello（1977 年）指出在开尔文数（Kelvin Number）$\Omega B/(gD)^{1/2}\ll1$ 以及水平纵横比（horizontal aspect ratio）$B^2\omega^2/(gD)\ll1$（B 为宽度，$\omega=2\pi/P$，P 为潮周期）时，横向速率可以被忽略。因此，采用 X 轴，并通过宽度和深度的一体化，运用横截面均一参数可以将式（2.1）表示为：
$$\frac{\partial U}{\partial t}+U\,\frac{\partial U}{\partial X}+g\,\frac{\partial\varsigma}{\partial X}+f\,\frac{U|U|}{(D+\varsigma)}=0 \tag{2.7}$$

以及连续性方程（2.6）表示为
$$B(D+\varsigma)\frac{\partial\varsigma}{\partial t}+\frac{\partial}{\partial X}BUA=0 \tag{2.8}$$

式中：A 为横截面面积。

尽管在河口区的侧向运动速率受到限制，式（2.2）中的横向科氏参数项 ΩU 一定会被抵消，通常被侧向表面梯度抵消。该梯度在右手侧（在北半球向陆地观察）产生潮位相位提前，相位提前达到 $B\Omega/[2(gD)]^{1/2}$ 的弧度（Larouche 等，1987 年）。

对于主要的潮汐频率 ω，式（2.7）中各项相对大小由下式估算：
$$\omega U^* : \frac{2\pi U^{*2}}{\lambda} : \frac{2\pi\varsigma^* g}{\lambda} : \frac{fU^{*2}}{D} \tag{2.9}$$

式中：λ 为波长，U 和 ς 随波长变化而变化。假定 $\lambda=(gD)^{1/2}P$，则前两项的相对大小为

$$(gD)^{1/2} : U^* \tag{2.10}$$

因此，对流项与时间加速项的比率等于水流的弗劳德数（Froude number）。该比例通常很小，且对于一阶潮汐模拟，对流项可以忽略不计。对于半日潮频率且 $f = 0.0025$ 时，摩擦项和时间加速项的相对大小大约为 $20U^*/(D/s)$，即在水流湍急的浅水河口区占优势（见 2.3.2 节）。在此类河口中，大部分潮周期内的摩擦力远远超过加速度（惯性）项，并且波的传播呈对称扩散（LeBlond，1978 年）。

2.3 河口局部潮汐响应

如 2.4.2 节所示，将式（2.7）和式（2.8）两个方程混合得出河口区潮汐响应的表达式，与线性阻尼、单自由度、进行"简谐运动"的振动系统的光谱响应相似。因此，将会得到包含潮幅和相位的轴向变化的谐波解，如 2.4.1 节中的贝塞尔函数所示。

2.3.1 线性解

在式（2.7）中忽略对流项并使摩擦项线性化（线性化过程详见 2.5 节）得出

$$\frac{\partial U}{\partial t} + g\frac{\partial \varsigma}{\partial X} + FU = 0 \tag{2.11}$$

显而易见，在无限长和无摩擦的棱柱状河道中，由式（2.8）和式（2.11）计算波速分别为 $c = (gD)^{1/2}$ 以及 $U^* = \varsigma(g/D)^{1/2}$（Lamb，1932 年）。对于 1/4 波长谐振，在长度 $L = 0.25\lambda = 0.25P(gD)^{1/2}$ 时出现 1/4 波长谐振的最大增强率。如第 2.4.1 节所示，L 值接近该值时，即使在衰减的漏斗状河口区，也通常会出现最大增强率。

主要分潮通过下列形式引入水面梯度：

$$\frac{\partial \varsigma}{\partial X} = \varsigma_x^* \cos\omega t \tag{2.12}$$

从式（2.11）可得：

$$U^* = \frac{-g\varsigma_x^*}{F^2 + \omega^2}(F\cos\omega t + \omega\sin\omega t) \tag{2.13}$$

因此，对于摩擦起主要作用的系统，$F \gg \omega$

$$U^* = -g\frac{\varsigma_x^*}{F\cos\omega t} \tag{2.14}$$

而对于无摩擦的系统，$F \ll \omega$

$$U^* = -g\frac{\varsigma_x^*}{\omega\sin\omega t} \tag{2.15}$$

图 2.1 表示表面梯度达 0.00025g 以及深度分别为 4m、16m、64m 时式（2.13）的解。在最深情况下（即深度为 64m 时），其解接近式（2.15）的无摩擦系统，而最浅情况下（即深度为 4m 时），其解接近式（2.14）的摩擦系统。

图 2.2 表示泰晤士河近口门处和上游两个位置的式（2.7）中各项数值模拟结果，分别是其 M_2 分潮项及相关高次谐波 M_4 项和 M_6 项，其值表示式（2.7）中各项大小（Prandle，1980 年）。对于 M_2 分潮，惯性和摩擦项是正交相位，且抵消了水面梯度项。相比较而言，对于 M_4 分潮和 M_6 分潮，空间梯度项是潮流运动的结果而不是其驱动力（见第 2.6 节），因此不同的关系可以适用。

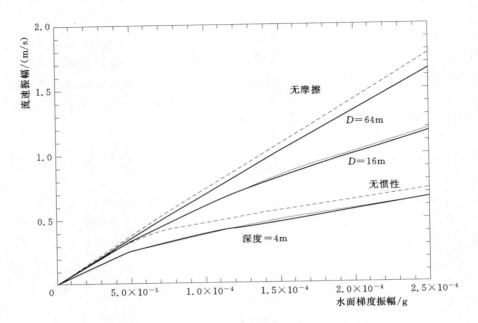

图 2.1 M_2 分潮的潮流振幅（作为水面梯度的函数）

注　实线表示式（2.13）中 $D=4m$、16m、64m 时的解；虚线表示式（2.14）中 $D=4m$ 的
　　结果以及式（2.15）中 $D=64m$ 的结果。

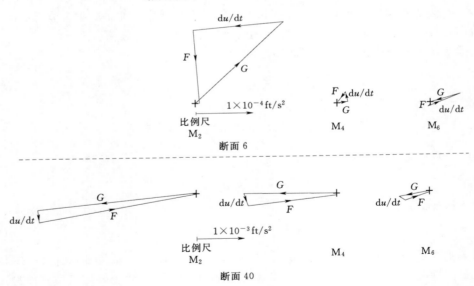

图 2.2　泰晤士河口口门区和上游的式（2.7）中各项（M_2、M_4 和 M_6 分潮项）
数值模拟结果

2.3.2　同步河口解

　　"同步河口"是指该河口与 ς^* 的轴向振幅变化相关的水面梯度显著小于与相应相位变化相关的水面梯度。在推导式（2.8）和式（2.11）的解的过程中，假定 U^* 的轴向变化

采用类似的近似值。对于求得的"同步"水深，U^* 以及 ς^* 的假设除了感潮界限处的极浅情况下不适用，其余条件下均证实合理有效（Prandle，2003 年）。本书引入的"同步河口"解容许与其他类型的解比较，并依据 ς^* 和 D 提供了 U^* 的简便表达式，其后将会在整本书中使用。

针对单个主要分潮 M_2 的传播，U 和 ς 在任意位置的解可表示如下：

$$\varsigma = \varsigma^* \cos(K_1 X - \omega t)$$
$$U = U^* \cos(K_2 X - \omega t + \theta) \qquad (2.16)$$

式中：K_1 和 K_2 为波数；ω 为潮汐频率；θ 为 U 相对于 ς 的相位延迟。

进一步假定带有恒定边坡的三角形截面，式（2.8）可简化为：

$$\frac{\partial \varsigma}{\partial t} + U\left(\frac{\partial \varsigma}{\partial x} + \frac{\partial D}{\partial x}\right) + \frac{1}{2}\frac{\partial U}{\partial x}(\varsigma + D) = 0 \qquad (2.17)$$

Friedrichs 和 Aubrey（1994 年）指出在收敛河槽中，$U(\partial A / \partial X) \gg A(\partial U / \partial X)$。同样，假定 $\partial D / \partial X \gg \partial \varsigma^* / \partial X$，则采用下列形式的连续性方程：

$$\frac{\partial \varsigma}{\partial t} + U\frac{\partial D}{\partial X} + \frac{D}{2}\frac{\partial U}{\partial X} = 0 \qquad (2.18)$$

将式（2.16）的解代入式（2.11）和式（2.18），得到代表 $\cos\omega t$ 组分和 $\sin\omega t$ 组分的四个方程（适用于河口区任何位置）。明确同步河口条件，即潮位振幅的空间梯度为零，得出条件 $K_1 = K_2 = k$，即 ς 和 U 在轴向传播上具有相同的波数。则潮流振幅 U^*、潮流相位 θ 及河床坡度 $SL = \partial D / \partial X$ 的解如下所示：

$$\tan\theta = -\frac{F}{\omega} = \frac{SL}{0.5Dk}, \quad U^* = \varsigma^* g\frac{k}{(\omega^2 + F^2)^{1/2}}, \quad k = \frac{\omega}{(Dg/2)^{1/2}} \qquad (2.19)$$

（1）结论。上述各解与式（2.13）一致，$0.5(gD)^{1/2}$ 遵循三角形截面的假设。第 6 章阐述了如何通过 U^*、θ 和 SL 的显式解确定河口长度等其他相关参数，并依据参数 D 和 ς^* 建立了一系列理论体系。该参数的取值范围为 ς^*（$0 \sim 4$m）和 D（$0 \sim 40$m），表示几乎所有河口区，最深的部分除外。

（2）潮流振幅 U。图 2.3 显示了潮流振幅增强至 1.5m/s 时式（2.19）的解（Prandle，2004 年）。如等值线所示，U^* 在大约 $D = 5 + 10\varsigma^*$（m）处出现最大值；然而，这些最大值并不明显。该图解释了 U^* 的观测值范围通常为 $0.5 \sim 1.0$m/s 的原因，尽管在大小潮周期以及大范围的河口深度条件下 ς^* 的变化较大。

（3）河床摩擦作用。Friedrichs 和 Aubrey（1994 年）表示摩擦项在强收敛河道中若不考虑深度影响时会发挥显著作用。图 2.4 显示了根据式（2.19）计算得到的摩擦力与惯性比值，F/ω（Prandle，2004 年）。$\varsigma^* = D/10$ 时，F/ω 约等于 1。当 $\varsigma^* \ll D/10$ 时，潮流对摩擦力不敏感，而当 $\varsigma^* \gg D/10$ 时，潮动力以摩擦力为主，并且由于摩擦系数超过其典型范围 $0.001 \sim 0.004$，潮流会减少 1/2。Prandle（2003 年）针对摩擦系数进行了详细的敏感性分析。根据式（2.19），当 $F \gg \omega$ 时，$U^* \propto \varsigma^{*1/2} D^{1/4} f^{1/2}$；而当 $F \ll \omega$ 时，$U^* \propto \varsigma^* D^{-1/2}$。

根据式（2.19），$F/\omega = 0.1$ 对应潮位与潮流的相位差 $\theta = -6°$。同样，$F/\omega = 0.5$ 对应 $\theta = -27°$；$F/\omega = 1.0$ 对应 $\theta = -45°$；$F/\omega = 2$ 对应 $\theta = -63°$；$F/\omega = 5$ 对应 $\theta = -77°$ 以及 $F/\omega = 10$ 对应 $\theta = -84°$。上述 θ 值强调潮汐波传播如何从近河口口门深水区的"渐进

式"转换为河口顶端浅水区的"稳定式"。

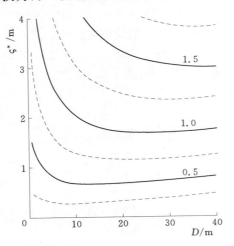

图 2.3 潮流振幅 U^*

[函数 $f(D，\varsigma^*)$，单位 m/s]

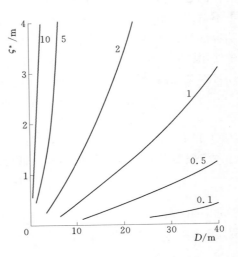

图 2.4 摩擦项 F 与惯性项 ω 的

比值 $F：\omega$ 的函数关系图

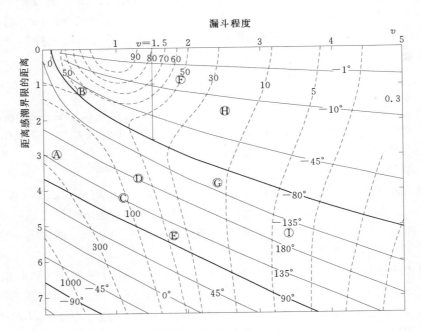

图 2.5 $s=2\pi$ 时的潮位响应

注 v 为测深漏斗程度；y 为距河口口门 $y=0$ 的距离；虚线表示相对振幅，实线表示
相对相位。在 $v=1.5$ 处的垂线表示同步河口的典型长度（见第 6 章）；对于河口
（A）-（I）的长度（对于 M_2）y、形状 v 如表 2.1 所示。

（4）同步河口的漏斗效应。将河床坡度解 SL 纳入式（2.19），可以发现同步河口解
对应 $X^{0.8}$ 时的深度和宽度，即在式（2.20）和式（2.21）中 $m=n=0.8$。将局部的同步解
与第 2.4.1 节中的整体河口响应对比，同步几何形状对应 $v=1.5$，根据图 2.5，接近于所

遇到的几何范围的中心（Prandle，2004 年）。而且，确定的同步河口长度，如图 2.5 所示，其范围从一小段到接近于 1/4 波长（第一节点），与 M_2 的频率相同。

2.4 河口整体潮汐响应

本节内容讲述有关整体河口对潮汐应力的一阶响应，旨在构建简化的分析体系，应对以下几个基础问题：①为何某些河口出现大潮？②为何半日分潮某些时刻增强，而全日波则经常受到抑制？③为何某些河口对河床摩擦、长度或者深度的细小变化敏感。Taylor（1921 年）、Dorrestein（1961 年）和 Hunt（1964 年）提出了式（2.8）和式（2.11）的简化解析解。本节重点分析以下两种通解：①宽度和深度随距离 X 的幂发生变化（Prandle 和 Rahman，1980 年）；②宽度和深度随 X 呈指数变化（Prandle，1985 年）。由于河口整体的潮汐响应建立在线性方程基础之上，可以普遍适用于某潮汐成分为主的河口。

针对深度和宽度呈线性变化的河口，Taylor 无摩擦解为①的特例。而对于宽度呈指数增加、深度恒定的河口，Hunt 提出的解析解如 2.4.2 节所述。

2.4.1 宽度和深度随距离 X 的幂值发生变化（Prandle 和 Rahman，1980 年）

宽度和深度假定随下式变化

$$B(X) = B_L \left(\frac{X}{\lambda} \right)^n \tag{2.20}$$

以及

$$H(X) = H_L \left(\frac{X}{\lambda} \right)^m \tag{2.21}$$

式中 X 从河口顶点测量。为使其转换为无量纲模式，我们采用 λ 作为水平维度的单位、H_L 作为垂直维度的单位以及潮周期 P 作为时间的单位，其中

$$\lambda = (gH_L)^{1/2} P \tag{2.22}$$

对应恒定 H_L 的潮汐波长。无量纲参数如下表示：

$$x = X/\lambda, t = T/P, h = H/H_L, b = B/\lambda, u = UP/\lambda$$

$$摩擦参数 \ s = FP \tag{2.23}$$

Prandle 和 Rahman（1980 年）将式（2.20）和式（2.21）代入式（2.8）和式（2.11）得出在任意位置 x、任意时间 t、任意潮周期 P 的潮汐高程 ς 的解为：

$$\varsigma = \varsigma^* \left(\frac{ky}{ky_M} \right)^{1-v} \frac{J_{v-1}(ky)}{J_{v-1}(ky_M)} e^{i2\pi t} \tag{2.24}$$

式中：$\varsigma^* e^{i2\pi}$ 为河口口门 x_M 处的潮汐高程，并且

$$v = \frac{n+1}{2-m}, k = \left(\frac{1-is}{2\pi} \right)^{1/2}$$

$$y = \frac{4\pi}{2-m} X^{\frac{2-m}{2}} \tag{2.25}$$

以上的 J_{v-1} 是第一类贝塞尔函数而且阶数为 $v-1$。

$s = 2\pi$、即 $F = \omega$ 时式（2.24）的解如图 2.5 所示。Prandle 和 Rahman（1980 年）得出了 $s = 0.2\pi$ 时的对应解。除了图 2.6 所示共振条件，两个摩擦系数的响应十分相似，摩擦系数较大时，相应振幅减少和相位差异增强。图 2.6 是一般响应的图解：说明潮位振幅

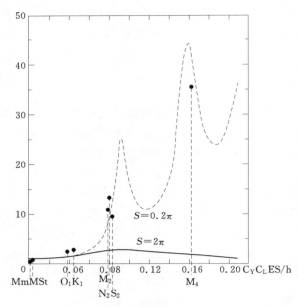

图 2.6 芬迪湾的潮位频率响应图，$S=0.2\pi$ 和 2π

注 纵坐标为河口区顶部值相对大陆架边缘值的增强率，圆点为观测值。

和相位沿河口长度的变化。对于 M_2 半日分潮，这些位置表明 （A）-（I） 代表表 2.1 中所列主要河口区口门。

通过比较表 2.1 中所列 10 个主要河口的 M_2 分潮潮位响应的结果，反映了上述方法的有效性。采用 $s=2\pi$ 时，发现表中所有的河口均存在很好的一致性，但芬迪湾［Bay of Fundy （G）］是个例外，其深度超过 200m 时，采用 $s=0.2\pi$ 时一致性更好。

假设特定河口的漏斗效应系数为 v、长度为 y_M，河口振幅和相位的变化可以沿着相应的垂线读取。而且 y_M 的值与潮汐周期 P 成反比例，因此 P 加倍时，y_M 则减半。基于此，图 2.6 用来说明芬迪湾（Bay of Fundy）的光谱响应。严格而言，如第 2.5 节所示，有必要进行某些调整，用来反映适合 M_2

以外分潮的摩擦因数增加了 50%。针对潮流振幅和相位，可以构建与图 2.5 相似的响应图表。

表 2.1   10 个典型河口区的几何参数

		H_M/m	L/km	n	m	v	y_0	H_0/m	α	β	$\alpha+2\beta$
A	Fraser	44	135	−0.7	0.7	0.2	3.0	2.3	−2.8	2.8	2.8
B	Rotterdam Waterway	13	99	0	0	0.5	1.2	13.0	0	0	0
C	Hudson	17	248	0.7	0.4	1.1	4.2	4.8	2.2	1.3	4.8
D	Potomac	13	184	1.0	0.4	1.3	3.7	3.5	3.6	1.4	6.4
E	Delaware	5	214	2.1	0.3	1.8	5.3	2.3	5.3	0.8	6.9
F	Miramichi	7.0	55	2.7	0	1.9	0.9	7.0	46.6	0	46.6
G	Bay Fundy	2000	635	1.5	1.0	2.4	3.8	21.4	3.9	2.6	9.1
H	Thames	80	95	2.3	0.7	2.5	1.77	2.7	14.1	4.3	22.7
I	Bristol Channel	5000	623	1.7	1.2	3.4	5.20	12.5	3.4	2.4	8.2
J	St. Lawrence	300	418	1.5	1.9	19.5		1	1.3	1.6	4.5

注 1. H_M 为河口口门水深；H_0 为河口顶部水深；L 和 y_0 之间河口长度来自式 （2.25），n、m、v、α 和 β 等测深参数。

  2. 来源：Prandle 和 Rahman，1980 年；Prandle，1985 年。

总而言之，图 2.5 为一般潮汐响应图表，表示全部潮汐周期内上述 10 个河口任意位置的振幅和相位（相对于河口口门），与式 （2.11） 和式 （2.12） 理论上相对应。这一响应图表具有某些共有的特点：

（1）1/4 波长共振或在充分长河口地区的主模式，通过连接潮幅节点的粗线表示。

（2）对于全日分潮，y_M 的值［（A）-（I）］减半。因此，需要对这些分潮进行相对小的增强。对于周期为 14d 的 MS_f 分潮，y_M 值减少表明任意河口区增强值较小或相位差异微乎其微。

（3）对于 1/4 日分潮或者其他高次谐波，相对而言，其增强值较大、相位差异也大，会出现一个以上节点。然而，区分高次谐波的外部因素响应和内部因素响应非常重要。其中，外部因素是当前分析的结果；而内部因素的分析如 2.6 节和图 2.2 所示。

表 2.2　　　　漏斗形河口区的谐振长度，$B \propto X^n$ 和 $D \propto X^m$，式（2.26），
是式（2.22）中棱形河道值的一部分

$m=n$	0	0.8	1.0
0	1.04	0.74	0.57
0.8	1.23	0.91	0.83
2.5	1.64	1.33	1.26

1/4 波长谐振。

图 2.5 中第一节点线的位置，与不同漏斗程度河口区的最大增强值对应，用下式近似表达

$$y = 1.25 + 0.75v, \text{即 } x = \left(\frac{3n - 5m + 13}{16\pi} \right)^{(2/2-m)} \tag{2.26}$$

式（2.26）中谐振长度比是式（2.22）中棱状河道谐振长度的一小部分，为 $x^{(1-m/2)}/0.25$。

表 2.2 列出了 $0 < n < 2.5$、$0 < m < 1$ 时的谐振长度比，包括 $m = n = 0.8$ 时的值，与同步河口的解相对应（2.3.2 节）。结果表明：上游的深度减少会降低谐振长度，同时宽度收敛会有相反的效果，突出了漏斗状河口中潮汐响应的复杂性。

2.4.2　深度和宽度呈指数形式变化（Hunt，1964 年；Prandle，1985 年）

假定宽度和深度变量：

$$B(X) = B_0 \exp(nX)$$
$$H(X) = B_0 \exp(mX) \tag{2.27}$$

式中：B_0 和 H_0 为宽度和深度在河口顶端 $X = 0$ 时的取值，通常以潮周期 P 为时间单位，将其转换为无量纲单位。H_0 为垂向维度，λ 为水平维度，通过下式计算：

$$\lambda = (gH_0)^{1/2} P \tag{2.28}$$

因此，我们得到转换后的无量纲变量：$x = X/\lambda$，$t = T/P$，$z = Z/H_0$，$b = B/\lambda$，$h = H/H_0$，$u = U(P/\lambda)$，$s = FP$，而且

$$b(x) = b_0 \exp(\alpha x) \tag{2.29}$$
$$h(x) = \exp(\beta x) \tag{2.30}$$

这里 $\alpha = n\lambda$ 和 $\beta = m\lambda$。

将式（2.29）和式（2.30）代入式（2.8）和式（2.11），则可能分别生成 ς 或 u 的表达式。如果考虑单个周期 P 的潮幅，可以消除表达式中的时间导数，得到

$$\varsigma = \varsigma^* \exp(i2\pi t) \text{ 和 } u = u^* \exp(i2\pi t) \tag{2.31}$$

则潮汐振幅 ς 和 u 可用下式表达：

$$\frac{\partial^2}{\partial x^2}\varsigma^* + (\alpha+\beta)\frac{\partial \varsigma^*}{\partial x} + (4\pi^2 - 2\pi is)\frac{\varsigma^*}{\exp(\beta x)} = 0 \qquad (2.32)$$

$$\frac{\partial^2 u^*}{\partial x^2} + (\alpha+2\beta)\frac{\partial u^*}{\partial x} + \left[\beta(\alpha+\beta) + \frac{(4\pi^2 - 2\pi is)}{\exp(\beta x)}\right]u^* = 0 \qquad (2.33)$$

通过适当转换，中间项〔包括在式（2.32）和式（2.33）中 x 的一阶导数〕可以被消除。得到的方程式可以得到解析解（Gill，1982 年，8.12 节），其解析结果也被验证（Xiu，1983 年）；然而，其复杂性使其难以直接理解。在接下来的章节，针对特定案例，我们借助数值解，采用更简单的解析解来阐述这种潮汐响应的本质。

（1）恒定深度 $\beta=0$ 时的解：Hunt（1964 年）指出式（2.32）和式（2.33）的解为

$$\varsigma = \varsigma_0^* \exp\left(\frac{-\alpha x}{2}\right)\left(\cosh\omega x + \frac{\alpha}{2\omega}\sinh\omega x\right) \qquad (2.34)$$

$$u = -\varsigma_0^* \exp\left(\frac{-\alpha x}{2}\right)\frac{2\pi i}{\alpha}\sinh\omega x, \qquad (2.35)$$

其中，$\omega = \omega_1 + i\omega_2$、$\omega_1^2 - \omega_2^2 = \alpha^2/4 - 4\pi^2$、$\omega_1 \cdot \omega_2 = \pi s$ 以及 ς_0^* 为河口顶端 $x=0$ 的潮位振幅。

（2）恒定深度 $\beta=0$ 且无摩擦情况下的解：式（2.32）和式（2.33）可用于描述阻尼简谐振子的自由振动。通过类比，$\alpha<4\pi$ 时，系统为欠阻尼；$\alpha=4\pi$ 时，系统为临界阻尼；而 $\alpha>4\pi$ 时，系统为过阻尼。

$\alpha>4\pi$ 时，其解保留了式（2.34）和式（2.35）的形式，其中 $\omega_1^2 = \alpha^2/4 - 4\pi^2$ 以及 $\omega_2 = 0$；

$\alpha<4\pi$ 时，其解可简化为

$$\varsigma^* = \varsigma_0^* \exp\left(\frac{-\alpha x}{2}\right)\left(\cos\omega_2 x + \frac{\alpha}{2\omega_2}\sin\omega_2 x\right) \qquad (2.36)$$

$$u^* = -\varsigma_0^* \exp\left(\frac{-\alpha x}{2}\right)\frac{2\pi i}{\omega_2}\sin\omega_2 x \qquad (2.37)$$

其中

$$\omega_2^2 = -\alpha^2/4 + 4\pi^2$$

$\alpha=4\pi$ 时，其特殊解适用下述公式：

$$\varsigma^* = \varsigma_0^* \exp(-2\pi x)(1+2\pi x) \qquad (2.38)$$

$$u^* = \varsigma_0^* \exp(-2\pi x)2\pi i x \qquad (2.39)$$

（3）深度与宽度的数值解（呈指数变化）以及摩擦力。一般情况的响应如图 2.7（Prandle，1985 年）所示：$s=2\pi$ 时，正交轴指的是参数 α 和 β。等值线表示河口顶点的潮位振幅相比第一节点的增强。然而，对于 $\alpha+2\beta>10$ 的河口，无节点，其增强程度是相比 $x=1$ 处而言，$x=1$ 处的值近似逼近渐近线 $x=\infty$。如 2.4.1 节的解所示，$\alpha+2\beta=10$ 的河口响应界线并不明显。符号（A）~（J）也用来表示表 2.1 中 10 个主要河口顶端相比第一个节点或 $x=1$ 处（非口门）的增强情况（主太阴半日潮 M_2）。

α 和 β 的值与周期成正比例，可以根据图 2.7 确定其他潮汐组分的最大响应。对于全日分潮，其 α 和 β 值会加倍；而 1/4 日分潮的 α 和 β 值则会减半。由此，我们可以根据图 2.7 和 2.4.2 节推断如下：

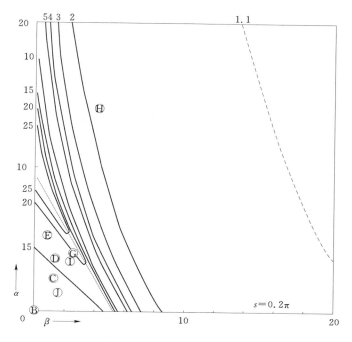

图 2.7 $s=2\pi$ 时，自变量为 α 和 β 的潮位增强

1）任意河口的响应都可以比作阻尼简谐振子的自由振动。Ⅰ 型河口，$\alpha+2\beta<10$，处于欠阻尼状态，高程振幅沿 x 轴呈振荡性（波动）方式变化。Ⅱ 型河口，$\alpha+2\beta\sim10$，为临界阻尼状态，会产生最大的增强效应。Ⅲ 型河口，$\alpha+2\beta\gg10$，为过阻尼状态，其潮位朝河口顶端方向单调增加，增强效应不明显，且对摩擦影响不敏感。10 是近似值，而零摩擦条件下 4π 的对应值如 2.4.2 节所述。

2）如图 2.7 所示，布里斯托尔海峡（Ⅰ）以及芬迪湾（G）的状态都接近于分界线 $\alpha+2\beta\sim10$，说明这两个系统的响应敏感且"接近"谐振状态。其响应由于特定 α 和 β 值的结果（对于 M_2 分潮），并非简单地由于谐振长度。

2.5 二次摩擦项的线性化

2.5.1 单组分

如前所述，要求二次摩擦项 $f_1U|U|$ 用线性项 f_2U 近似表示。对于单一组分 $U=U_1\cos\omega t$，单个潮周期中的均衡能量损耗与 U^3 呈正比，要求 $f_2=(8/3\pi)f_1U_1$。

2.5.2 双组分

Proudman（1923 年）和 Jeffreys（1970 年）提到：当两个潮流组分 $U_1\cos\omega t$ 和 $U_1'\cos\omega't$ 遭遇时，摩擦项通过下式给出：

$$f_1(U_1\cos\omega t+U_1'\cos\omega t')\,|U_1\cos\omega t+U_1'\cos\omega t'| \qquad (2.40)$$

然后，U_1' 取值较小时，其频率 ω 时的线性摩擦组分 F_ω 近似表示为：

$$F_\omega = \left(\frac{8f_1}{3\pi}\right) U_1^2 \cos\omega t = f_2 U_1 \cos\omega t \tag{2.41}$$

当频率为 ω' 时，其线性组分则表示为

$$F_{\omega'} = \left(\frac{4}{\pi}\right) f_1 U_1 U_1' \cos\omega' t = \left(\frac{3}{2}\right) f_2 U_1' \cos\omega' t \tag{2.42}$$

Bowden（1954 年）指出：如果小规模余流 U_0 遭遇大规模的潮流 $U_1 \cos\omega t$，在 $U_1 \gg U_0$ 时，与余流相关的线性摩擦项如下式表示：

$$F_0 = \left(\frac{4}{\pi}\right) f_1 U_1 U_0 = \left(\frac{3}{2}\right) f_2 U_0 \tag{2.43}$$

因此，式（2.41）～式（2.43）表明：如果通过线性模型解释与主太阴半日分潮 M_2 的关系，当分别模拟其他任何分潮或者余流时，线性摩擦系数 f_R 必须按照下式计算：

$$f_R = \left(\frac{3}{2}\right) f_2 \tag{2.44}$$

由于中纬度地区的主太阴半日分潮 M_2 产生的潮流量级通常是主太阳半日分潮 S_2 潮流量级的两到三倍。因此，在单独模拟主太阴半日分潮 M_2 时，应忽略其他成分引起的摩擦作用，并使用式（2.41）。然而在模拟其他分潮时，适合参照主太阴半日分潮 M_2 的相关潮速，并运用式（2.44）线性化摩擦项。因此，与动量方程中的其他项相比，其他分潮的线性化摩擦系数 ω'，是 U_{M_2}/U_ω' 的 1.5 倍多。在西北大陆架海域，主太阳半日分潮 S_2 的振幅一般为主太阴半日分潮 M_2 的 0.33 倍，而主太阳半日分潮 S_2 和主太阴半日分潮 M_2 的"平衡"潜能比例为 0.46（见附录 1A）。因此，相比主太阴半日分潮 M_2，将主太阳半日分潮 S_2 的线性摩擦因子增加 4.5 倍似乎会使主太阳半日分潮 S_2 的潮幅减少大约 1/3。

Garrett（1972 年）、Hunter（1975 年）和 Saunders（1977 年）对上述结果如何延展至二维水流进行了讨论分析。

2.5.3　三角横截面

同步河口解如 2.3.2 节所示，其主太阴半日分潮 M_2 的 $f(U|U|/D)$ 成分近似表示为

$$\frac{8}{3\pi}\frac{25}{16} f \frac{|U^*|U}{D} = FU \tag{2.45}$$

即 $F = 1.33 f U^*/D$，其中 $8/3\pi$ 取自上述二次速率项的线性化。公式中的 $25/16$ 因子是邻近最大潮流的摩擦项权重，最大潮流出现在最大水深处。根据式（2.19），当 $F \gg \omega$ 时，其最大速率为横截面平均值的 $5/4$。

2.5.4　Q 因子（Garrett 和 Munk，1971 年）

Van Veen（1947 年）和 Prandle（1980 年）将海峡中的潮汐传播与交流电路的电能传输进行类比分析。该类比法将潮位与电压、潮流与电流、河床摩擦与电阻联系起来。此外，惯性作用与电流感应、表面积与电容也有些许联系。该类比的前提是假定潮汐传播过程具有明显线性和低阻尼特征。潮汐预报技术（即调和法，特别是响应法）的准确性证明

海洋和大陆架海域中的潮汐扩散本来就是线性的（Munk 和 Cartwright，1966 年）。

2.3 节讨论了式（2.11）中摩擦项的相对影响。通过上述与交流电路的类比，用数值 Q 对摩擦影响进行简单量化，作为质量因子（Q 因子）。震荡系统在其周期内消耗 $2\pi/Q$ 的能量。对近谐振系统，计算公式如下：

$$Q = \frac{\omega_0}{\omega_2 - \omega_1} \tag{2.46}$$

该公式用于谐振锐度的计量，是自然频率 ω_0 与响应曲线上 ω_2 点和 ω_1 点频率差的比率，与自然频率下功耗的一半相一致。

Godin（1988 年）指出，对于式（2.11），潮汐盆地中的 Q 因子可以用 $Q = \omega/F$ 表示。因此，用于重现 2.4 节中河口响应的值 $s = FP = 2\pi$ 相当于 $Q = 1$，强调大部分河口是高度耗散的。相反地，在芬迪湾，$s = 0.2\pi$ 相当于 $Q = 10$，表明其为强共振系统。这些河口的 Q 值可以与 Garrett 和 Greenberg（1977 年）计算的北大西洋 Q 值 $Q \approx 17$ 对比。

同样根据式（2.11），在静水条件下潮汐传播的数值模拟中，其潮汐振幅会以 $[1 - \exp(-Ft)]$ 的比率趋近周期收敛。

2.6 高次谐波和余流

上述理论为主要分潮的一阶河口响应提供了强有力的理论支撑。然而，接下来的章节会着重分析对混合过程和沉积动力等类似"二阶效应"的长期重要作用，即高阶谐波或者潮致余流以及潮流和盐度的垂向、侧向和高频变异。虽然能够准确模拟一阶效应，二阶效应的数值模拟对空间和时间分辨率的要求更高。具有讽刺意义的是，尽管从首次成功进行简易数值潮汐模型以来运算能力迅速发展，但运算能力的限制仍是潮汐模拟发展的障碍。本节将解释高次谐波项和余流项是如何产生的。

2.6.1 三角法

虽然在河口口门的潮汐动力主要存在半日潮或全日潮频率，式（2.1）和式（2.5）中的非线性项几乎总是在浅水中生成明显的高次谐波（Aubrey 和 Speer，1985 年）。该过程可以通过简单的三角法理解：

$$U_1^* \cos(\omega_1 t) \times U_2^* \cos(\omega_2 t) = \frac{U_1^* U_2^*}{2} [\cos(\omega_1 - \omega_2)t + \cos(\omega_1 + \omega_2)t] \tag{2.47}$$

因此，包含主太阴半日分潮 M_2 的项能生成 M_4 和 Z_0 分潮。同样的，只要出现两大分潮（如 M_2 和 S_2），相同的机制将会生成频率为其和频 $(\omega_1 + \omega_2) = \omega_{MS4}$ 和其差频 $(\omega_1 - \omega_2) = \omega_{Msf}$ 的分潮，即 1/4 日潮与半月潮周期；如果出现 M_2 和 N_2 两大分潮，则产生 1/4 日潮与全月潮周期。这些余流和高次谐波呈现涨落潮的不对称性（特别对于 M_4）、偶然的双高水位（double high waters）以及潮泵效应（河口水体在一个大小潮周期内发生水体交换，从而使得根据一个半日潮的观测数据计算质量平衡变得非常复杂）。在构建模型来验证余流和高次谐波时，应该意识到：根据主要分潮，用来获取式（2.11）的尺度分析或许无效。特别是高次谐波，与 U 和 ς 变化有关的波长 λ 可以通过测深法确定（Zimmerman，1978 年）。

2.6.2 潮汐方程中的非线性项

要说明潮汐方程中非线性项的本质，其中一个简单的方式就是根据质量传输改写式（2.1）和式（2.6），如下所示（Prandle，1978 年）：

$$\frac{\partial}{\partial t}Q_x+\frac{\partial}{\partial X}\frac{Q_x^2}{H}+\frac{\partial}{\partial X}\frac{Q_x X Q_y}{H}+Hg\frac{\partial \varsigma}{\partial X}+g\frac{fQ_x(Q_x^2+Q_y^2)^{1/2}}{H^2}-\Omega Q_y=0 \qquad (2.48)$$

$$\frac{\partial}{\partial t}\varsigma+\frac{\partial}{\partial X}Q_x+\frac{\partial}{\partial Y}Q_y=0 \qquad (2.49)$$

其中
$$Q_x=UH、Q_y=VH \text{ 且 } H=D+\varsigma$$

既然式（2.49）是线性的，只考虑式（2.48）就足够。如果分析过程中仅考虑单个分潮的传播，可以做以下假定：

$$U=U_0+U_1\cos(-\omega t+\theta)$$
$$V=V_0+V_1\cos(-\omega t+\psi)$$
$$\varsigma=\varsigma_0+\varsigma_1\cos(-\omega t) \qquad (2.50)$$

其中，用参数 U_0、V_0 和 ς_0 表示余流。在接下来的分析中，提出以下假定：

$$U_0\ll U_1、\quad V_0\ll V_1、\quad \varsigma_0\ll \varsigma_1 \qquad (2.51)$$

（1）惯性项。在一个潮周期中，合并式（2.50）中的公式、并整合公式（2.48）的第一项得到余流公式：

$$Q_0=U_0D+0.5U_1\varsigma_1\cos\theta \qquad (2.52)$$

结果表明：除了驻波 $\theta=-\pi/2$ 时，余流均包含以下两项：净余流相关项和著名的斯托克斯输移项（Stokes' Drift）。在一个闭合河口，忽略河流来水，水流 U_0 必定抵消斯托克斯漂流。在完全的纯行进波条件下，$\theta=0$，$U_0=-0.5U_1\varsigma_1/D$，即向海方向。

（2）对流项。展开式（2.48）中的第二项——对流项，可近似表示为：

$$\frac{\partial}{\partial X}\frac{Q_x^2}{H}\approx\frac{\partial}{\partial X}\left(\frac{DU_1^2}{2}\right)(\cos-2\omega t+1) \qquad (2.53)$$

因此，与主要分潮频率 ω 相关的对流项产生余流（稳定成分）和频率为 2ω 的分潮，即 M_2 产生 Z_0 和 M_4。

同样的，展开式（2.48）中的第三项——对流项，则近似为

$$\frac{\partial}{\partial Y}\frac{Q_x Q_y}{H}\approx\frac{\partial}{\partial Y}\left(\frac{DU_1V_1}{2}\right)(\cos-2\omega t+1) \qquad (2.54)$$

与式（2.53）结果类似。

根据式（2.13），潮流振幅随水深变化迅速变化，式（2.53）和式（2.54）则着重说明水深变化如何引起潮汐扩散中的非线性特征。

（3）表面梯度。展开式（2.48）中的第四项，则生成明显的两个余项：

$$\overline{Hg\frac{\partial \varsigma}{\partial x}}\approx g(D+\varsigma_0)\frac{\partial \varsigma_0}{\partial x}+\frac{1}{2}g\varsigma_1\frac{\partial \varsigma_1}{\partial x} \qquad (2.55)$$

与式（2.7）相关的余项分析，不能明显地区分这两个余项。照目前的情况，该方程式是输移方程，由于连续性方程式（2.3）所示的浅水效应，其中各项可以用来代表非线性特征。其中，第一项代表平均海平面（msl）的变化。Nihoul 和 Ronday（1975 年）将第二项表示为"潮汐辐射应力"。在北海南部的应用中发现第一项和第二项的量级相同。

（4）二次摩擦。摩擦项中的模量不能用简单三角法展开，但是可以如下表示（Cartwright，1968 年）：

$$U^{*2}\sin\omega t|\sin\omega t|=\left(\frac{8}{3\pi}\right)U^{*2}\left[\sin\omega t-\left(\frac{1}{5}\right)\sin3\omega t-\left(\frac{1}{35}\right)\sin5\omega t-\cdots\right] \qquad (2.56)$$

因此，二次摩擦项产生了奇次谐波（即由 M_2 产生的 M_6、M_{10} 等）。然而，用（$1\sim\varsigma/D$）$/D$ 近似表示二次河床应力项中的 $1/(\varsigma+D)$，可以发现 ς/D 项结合式（2.56）中的 M_2 潮流也对频率 M_4 的摩擦项产生明显影响。

（5）科氏力。尽管科氏力呈线性、且不产生余流，但在非线性项生成的余流中发挥重要作用。

2.6.3　退潮-涨潮的不对称性

Friedrichs 和 Aubrey（1988 年）研究表明了退潮和涨潮不对称性如何产生净余流速度和相关的净差别侵蚀潜力。与锁相 M_2 和 M_4 分潮有关的潮汐调整尤为重要。

相比水流的大小和方向（垂线平均），泥沙冲刷和沉积与近河床速率的关系更为密切。因此，产生非线性的相关参数是潮流而不是河川径流（flow）。在许多河口中，低潮位时的断面面积是高潮位时断面面积的一小部分。因此，振荡流组分的传播引发潮流中的主要非线性变化。

假定三角横截面的边坡坡度 $\tan\alpha$ 值恒定，正弦净退潮流和涨潮流的连续性则要求：

$$U_1(t)A=\frac{U_1(t)[\varsigma_1(t)+D]^2}{\tan\alpha}+[U_2(t)+U_0(t)]A \qquad (2.57)$$

其中，平均水位的横截面面积 $A=D^2/\tan\alpha$。潮流 U_2 和 U_0 分别是最初的高次谐波和余流成分，用于平衡与主要分潮有关的振荡流，计算公式如下：

$$\varsigma_1=\varsigma_1^*\cos(-\omega t)$$
$$U_1(t)=U_1^*\cos(-\omega t+\theta) \qquad (2.58)$$

仅保留 $O(\alpha)$ 的各项，其中 $\alpha=\varsigma_1^*/D$，由此可得

$$U_2(t)=-U_1^*\alpha\cos(-2\omega t+\theta)$$
$$U_0=-U_1^*\alpha\cos(\theta) \qquad (2.59)$$

式（2.59）表明净下游潮流伴随着主潮汐分潮的传播。在浅水、强潮河口，这两项可以看作是最明显的非线性潮流成分。

2.7　风暴潮-潮汐的相互作用

本书不对风暴潮的产生和传播进行详细分析，详见 Heaps（1967 年、1983 年）。然而，接下来的风暴潮-潮汐相互作用的案例则用来阐述当各组分具有类似的量级和"周期"时其相互作用的可能量级和复杂性。

通常，洪水产生需要规模大且"特殊"的风暴潮。当大规模的风暴潮峰值遭遇涨潮高水位峰值时，风暴潮则会危及伦敦。然而，最大的风暴潮峰值定义为观测水位和（潮汐）预测水位的差值，总是出现在涨潮期间，即预测高水位前几个小时。该统计关系稳健但也存在很大的不确定性，因此，为确保伦敦防洪安全建造了泰晤士河防洪坝。

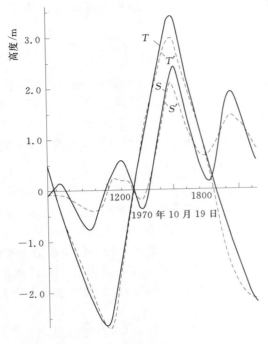

1970 年泰晤士河洪水中风暴潮-潮汐相互作用的数值解结果如图 2.8 所示（Prandle 和 Wolf，1978 年）。将相互作用的各个组分进行概念区分，用于联系风暴潮和潮汐的同步"平行"模拟，并通过非线性项引入动力耦合。因此，风暴潮模型（下标为 S）中用 $U_S|U_S+U_T|$ 组分代替二次摩擦项中的 $U_S+U_T|U_S+U_T|$；而潮汐模型（下标为 T）中则用 $U_T|U_S+U_T|$ 代替二次摩擦项中的 $U_S+U_T|U_S+U_T|$。

Prandle 和 Wolf（1978 年）采用"并行"模型方法表示风暴潮-潮汐相互作用情况，结果表明：北海南部临近海域的 M_2 旋转潮波系统（图 1A.2）发生位移，从而潮汐相位提前，导致涨潮时的风暴潮峰值次序出现。该位移主要是由于北海风暴潮位增高导致深度增加。如图 2.8 所示，风暴潮振幅紧接在最高水位出现前减小，主要是因为摩擦耗散

图 2.8 泰晤士河塔墩处的风暴潮与潮汐相互作用
S—风暴潮；T—潮汐；S 和 T 为相互作用部分

增加。当风暴潮和潮流最大值叠加时，摩擦耗散增加集中出现在泰晤士河外部的浅海地区。

2.8　小结及应用指导

本章对潮汐由海洋盆地到河口的传播过程进行了分析，说明潮位和潮流响应的变化。此外，对其控制机制进行了阐述，解释了半日分潮和全日分潮如何在河口区生成高次谐波和河口余流。

主要问题如下：河口潮汐如何对形状、长度、摩擦因子和河川径流作出响应？为什么部分分潮被增强而其他分潮减弱？为何不同河口之间潮汐响应不同？

本章将系统动力学纳入简易方程，包括线性化"一次项"和忽略"二次项"。忽略"二次项"时对解析解在河口区的适用性设定了限制，河口过程仅限于相关的尺度范围。同样，线性化仅在限制的参数范围内才有效。

在大部分河口中，水面高程的侧向变化受到过大长宽比的限制。因此，针对一阶响应，重点研究轴向变化即可。轴向海平面梯度构成了潮汐传播的有效驱动力，而横截面平均解法适用于描述潮汐高程振幅 ς^*。相比之下，潮流振幅值 U^* 对局部的深度和河床摩擦系数变化十分敏感。因此，U^* 值在轴向、侧向和垂向上变化均很明显，详见第 3 章。

从式（2.1）～式（2.11），对简化三维非线性方程所需的必要条件进行了描述，重点

是潮汐河口，即中潮和强潮河口，其 ς^* 值超过 1m。此类河口中，通常是主太阴半日分潮 M_2 占主导地位，其在口门处的潮位振幅大于其他分潮的潮位振幅总和。因此，依据 M_2 分潮，相关方程可以直接线性化。2.5 节对二次河床摩擦项线性化的具体过程进行了描述。相似地，对于轴向对流项 $U\partial U/\partial X$，2.6 节阐述了频率为 ω 时的对流项如何生成零频率分潮（Z_0，余流）和频率为 2ω 的分潮（或 $\omega=M_2$ 时的 M_4 分潮）。2.6.3 节则对 M_4 和 Z_0 生成时高低水位间横截面变化的重要性进行了说明。

式（2.13）根据水面高程梯度计算 U^* 的显性解。针对相反的两种极端河口案例，式（2.13）可以简化：①浅水且摩擦力为主，采用式（2.14）；②深水且无摩擦，采用式（2.15）。早期研究更多关注后者。图 2.1 和图 2.4 用来说明如何区分河床摩擦和时间加速项（惯性）的相对影响。式（2.13）表明这两项如何呈正交关系（即潮汐相位呈 90°）、且如何共同平衡海平面梯度。图 2.2 表示 M_2 分潮如何维持这种表面梯度平衡，但不适用于 M_4 或 M_6 分潮，因为 M_4 或 M_6 的有效驱动力不是表面梯度（河道比降）而是 M_2 分潮传播过程中产生的非线性项。

U^* 可以根据 ς^* 并借助"同步"河口近似计算，"同步"河口即潮汐相位轴向变化引起的水面梯度明显大于潮幅变化引起的水面梯度。有关该近似法，图 2.3 表明：在大部分河口中，潮汐速率一般从 $0.5\sim1.0$m/s 波动。同样，对于"同步"解法，摩擦项和惯性项的比率大约为 $10\varsigma^*:D$，其中 D 表示水深。此外，潮位振幅 ς^* 和潮流振幅 U^* 的相位延迟以及河口长度、水深等"同步"河口的其他特点将在第 6 章分析、探讨，而第 7 章则分析泥沙的分类和捕获。

分析整个河口潮汐响应的解析解需要明确相关几何功能。宽度和深度的轴向变化通过以下两种方式表示：① X^m 和 X^n（同步近似值相当于 $m=n=0.8$）；② $\exp(\alpha X)$ 和 $\exp(\beta X)$。采用第一组测深近似值绘制了图 2.5，即通用潮汐高程响应图表示任意河口的振幅和相位变化，是漏斗效应参数 $\nu=(n+1)/(n+2)$ 的函数。$v=1$ 时出现最大增强；其节点长度与无摩擦棱柱状河道中出现的"1/4 波长增强"相似。

芬迪湾出现的一系列潮汐分潮的响应差异及摩擦系数变化如图 2.6 所示。该案例说明：通常全日潮少有增强；而高次谐波增强作用明显。

对指数表示的测深，其解如图 2.7 所示，表明：当 $\alpha+2\beta<4\pi$ 时，其河口响应类似于欠阻尼振荡；而 $\alpha+2\beta>4\pi$ 时，河口为过阻尼状态且其潮位振幅变化不明显。

本章介绍的通用响应体系随着线性摩擦因子值的变化而变化，说明测深和摩擦如何共同影响河口潮汐传播的本质。而且，通过无量纲参数的引入，这些通用体系可以解释任何漏斗型河口任何潮汐分潮的任何点的潮汐响应。

图 2.8 说明了泰晤士河风暴潮-潮汐的相互作用，其风暴潮和潮汐成分大致处于相同的量级和"周期"，由此主太阴半日分潮 M_2 不能线性化。这个例子着重分析类似条件下风暴潮-潮汐交互作用的量级和复杂性。

参考文献

Aubrey, D. C. and Speer, P. E. , 1985. A study of nonlinear tidal propagation in shallow inlet/ estuarine system Part I: Observations. Estuarine, Coastal and Shelf Science, 21 (2), 185 – 205.

Bowden, K. F. , 1953. Note on wind drift in a channel in the presence of tidal currents. Proceedings of the Royal Society of London, A, 219, 426 – 446.

Cartwright, D. E. , 1968. A unified analysis of tides and surges round north and east Britain. Philosophical Transactions of the Royal Society of London, A, 263 (1134), 1 – 55.

Dorrestein, R. , 1961. Amplification of Long Waves in Bays. Engineering progress at University of Florida, Gainesville, 15 (12) .

Friedrichs, C. T. and Aubrey, D. G. 1988. Non – linear distortion in shallow well – mixed estuaries: a synthesis. Estuarine, Coastal and Shelf Science, 27, 521 – 545.

Friedrichs, C. T. and Aubrey, D. G. , 1994. Tidal propagation in strongly convergent channels. Journal of Geophysical Research, 99 (C2), 3321 – 3336.

Garrett, C. , 1972. Tidal resonance in the Bay of Fundy. Nature, 238, 441 – 443.

Garrett, C. J. R. and Greenberg, D. A. , 1977. Predicting changes in tidal regime: the open boundary problem. Journal of Physical Oceanography, 7, 171 – 181.

Garrett, C. J. R. and Munk, W. H. , 1971. The age of the tides and the Q of the oceans. Deep Sea Research, 18, 493 – 503.

Gill, A. E. , 1982. Atmosphere – Ocean Dynamics. Academic Press, New York.

Godin, G. , 1988. The resonant period of the Bay of Fundy. Continental Shelf Research, 8 (8), 1005 –1010.

Heaps, N. S. , 1967. Storm surges. In: Barnes, H. (ed.), Oceanography and Marine Biology Annual Review, Vol. 5. Allen and Unwin, London, 11 – 47.

Heaps, N. S. , 1983. Storm surges, 1967 – 1982. Geophysical Journal of the Royal Astronomical Society, 74, 331 – 376.

Hunt, J. N. , 1964. Tidal oscillations in estuaries. Geophysical Journal of the Royal Astronomical Society, 8, 440 – 455.

Hunter, J. R. 1975. A note on quadratic friction in the presence of tides. Estuarine, Coastal Marine Science, 3, 473 – 475.

Ianniello, J. P. , 1977. Tidally – induced residual currents in estuaries of constant breadth and depth. Journal of Marine Research, 35 (4), 755 – 786.

Ianniello, J. P. , 1979. Tidally – induced currents in estuaries of variable breadth and depth. Journal of Physical Oceanography, 9 (5), 962 – 974.

Jeffreys, H. , 1970. The Earth, 5th edn. Cambridge University Press, Cambridge.

Lamb, H. , 1932. Hydrodynamics, 6th edn. Cambridge University Press, Cambridge.

Larouche, P. , Koutitonsky V. C. , Chanut, J. – P. , and El – Sabh, M. I. , 1987. Lateral stratification and dynamic balance at the Matane transect in the lower Saint Lawrence Estuary. Estuarine and Coastal Shelf Science, 24 (6), 859 – 871.

LeBlond, P. M. , 1978. On tidal propagation in shallow rivers. Journal of Geophysical Research, 83 (C9), 4717 – 4721.

Munk, W. H. and Cartwright, D. E. , 1966. Tidal spectroscopy and prediction. Philisophical Transactions of Royal Society of London, A, 259, 533 – 581.

Nihoul, J. C. J. and Ronday, F. C. , 1975. The influence of the tidal stress on the residual circulation. Tellus, 27, 484 – 489.

Prandle, D. , 1978. Residual flows and elevations in the southern North Sea. Proceedings of the Royal Society of London, A, 359 (1697), 189 – 228.

Prandle, D. , 1980. Modelling of tidal barrier schemes: an analysis of the open – boundary problem by reference to AC circuit theory. Estuarine and Coastal Marine Science, 11, 53 – 71.

Prandle, D., 1985. Classification of tidal response in estuaries from channel geometry. Geophysical Journal of the Royal Astronomical Society, 80 (1), 209 – 221.

Prandle, D., 2003. Relationship between tidal dynamics and bathymetry in strongly convergent estuaries. Journal of Physical Oceanography, 33, 2738 – 2750.

Prandle, D., 2004. How tides and river flows determine estuarine bathymetries. Progress in Oceanography, 61, 1 – 26.

Prandle, D. and J. Wolf., 1978. The interaction of surge and tide in the North Sea and River Thames. Geophysical Journal of the Royal Astronomical Society, 55 (1), 203 – 216.

Prandle, D. and Rahman M., 1980. Tidal response in estuaries. Journal of Physical Oceanography, 10 (10), 1552 – 1573.

Proudman, J., 1923. Report of British Association for the Advancement of Science. Report of the Committee to Assist Work on Tides. 299 – 304.

Saunders, P. H., 1977. Average drag in an oscillatory flow. Deep Sea Research, 24, 381 – 384.

Taylor, G. I., 1921. Tides in the Bristol Channel. Proceedings of the Cambridge Philosophical Society/ Mathematical and Physical Sciences, 20, 320 – 325.

Van Veen, J., 1947. Analogy between tides and AC electricity. Engineering, 184, 498, 520 – 544.

Xiu, R. 1983. A study of the propagation of tide wave in a basin with variable cross – section. First Institute of Oceanography, National Bureau of Oceanography. Qingdao/Shandong, China.

Zimmerman, J. T. F., 1978. Topographic generation of residual circulation by oscillatory (tidal) currents. Geophysical and Astrophysical Fluid Dynamics, 11, 35 – 47.

3　潮　　流

3.1　引言

　　第 2 章中描述了影响垂线平均潮流大小的因素，本章则深入分析潮流和风海流的垂直结构。密度流的结构将在第 4 章中描述。这些结构理论将纳入第 4 章咸潮入侵、第 5 章沉积动力和第 6、第 7 章形态平衡等相关理论中。

　　潮汐传播模型包括了动量方程和连续方程的数值解。在浅海地区，如果数值精度满足要求，模拟的精确度主要取决于开口边界条件和水深条件的确定。因此，早期二维（垂向平均）浅海模型（Heaps，1969 年）缺乏对河床压力系数的关注。而模型在河口和海港的应用则相反，通常需要大量校准程序，因此要求仔细修正河床摩擦系数（McDowell 和 Prandle，1972 年）。浅海强潮河口中摩擦耗散作为主导影响因素已在第 2 章中阐述。在近期的三维模型中准确确定垂向涡流黏度（E）同样必不可少，用来再现垂向潮流结构及其相关的温度和盐度分布，准确的垂向涡流黏度的大小（E）同样是必不可少的。

　　河口潮汐传播模型的验证通常受限于与验潮仪水位记录的对比结果。在大型河口，相位和振幅的变化显著，精确模拟潮位意味着合理复制平均深度潮流（假设水深测量精确）。然而，在小型河口开口边界条件下，潮位相位或振幅的变化通常不明显。因此，上述验证很难保证潮流数值的精确复制。

　　与潮位相比，潮流具备明显的时间和空间变化特征。因此，尽管河口的水位观测存在噪（非潮汐组分）信（潮汐信号）比：$O(0.2)$，其潮流组分通常是相同大小的。原位潮流测量可以通过机械、电磁或声学传感器，而水面测量则可以远程使用 H. F. 雷达。这样的测量通常比较昂贵，而且所测潮流相比潮位测量结果其准确性和代表性较差。潮流的空间不均匀性使得下列分析变得复杂：即利用临近点观测值、将"相关组分"用于短期记录的潮汐分析。因此，延长观测时间对于准确分离各个组分很有必要，尤其是风力驱动和波浪驱动在水面贡献最大的潮流组分。

　　由于 3.2 节和 3.3 节中描述的潮汐解析解忽略风场作用、密度和对流条件，因此对其相对大小进行了简要描述。虽然下面的描述提供了简单的尺度分析，但重要的风应力或密度梯度的存在可能会从根本上改变垂直涡流黏性系数的大小和垂直分布，从而改变潮流结构并与其发生相互作用。Souza 和 Simpson（1996 年）提供了一个很好的例子，说明垂直结构的潮流椭圆可以通过显著分层而彻底改变。

　　垂向平均的轴向动量方程表示如下：

$$\frac{\mathrm{d}U}{\mathrm{d}t} = \frac{\partial U}{\partial t} + U\frac{\partial U}{\partial X} + V\frac{U}{\partial Y}$$

$$=-g\frac{\partial\varsigma}{\partial X}-0.5D\frac{\partial\rho}{\rho\partial X}=-\frac{fU(U^2+V^2)^{1/2}}{D}-\frac{f_wW^2}{D}+\Omega V \tag{3.1}$$

式中：U、V 分别为轴向 X 轴和横向 Y 轴的速率；W 为风速；ς 为水面高程；ρ 为密度；D 为水深；Ω 为科氏参数；f 和 f_w 系数分别与河床摩擦力和风阻力有关。

3.1.1 对流项

如 2.2 节所示，惯性与轴向对流项的比值可近似表示为：

$$\frac{\partial U}{\partial t}:U\frac{\partial U}{\partial X}\sim c:U \tag{3.2}$$

其中，$c=(gD)^{1/2}$ 表示波速。潮流只在封闭断面接近于临界波速，$c=U$，表明忽略对流项通常是可行的。然而，正如 2.6 节所述，对流项所引入的潮汐组分非线性耦合对于高次调和分潮十分重要。

横向对流项 $V:\partial U/\partial Y$ 明显接近海岸特征或测深急剧变化区特征（Pingree Maddock，1980 年；Zimmerman，1978 年）。Prandle 和 Ryder（1989 年）详细地定量分析了对流项在高分辨率数值模型中的作用。目前，基于 H.F. 雷达（图 3.9；Prandle 和 Player，1993 年）和 ADCP 水流观测（Geyer 和 Signell，1991 年），已经绘制了与这些对流项相关的空间特征。

3.1.2 密度梯度

与咸潮入侵有关的密度梯度内容将在第 4 章分析，即对当前轴向密度梯度结构及垂直分层的影响等内容。当（河床）摩擦边界层没有贯穿整个深度时，与水面热量交换有关的密度分层将会非常明显（附录 4A），这种情况通常局限于深水弱潮型河口。

从式（3.1）可知：与潮位及咸潮入侵相关的水面梯度比如下所示：

$$\frac{2\pi\varsigma}{\lambda}:0.5D\frac{0.03\rho}{L_1}\text{或}\frac{\varsigma}{D}:\frac{0.002\lambda}{L_1} \tag{3.3}$$

式中：L_1 为咸潮入侵距离；0.03 为海水的附加密度。

因此，根据水面高程，盐水密度梯度只在弱潮、深水河口发挥重要作用。尽管咸潮入侵可以显著改变水流的垂直结构，Prandle（2004 年）证实，咸潮入侵对河口潮面几乎没有影响。

3.1.3 风场作用

海面风应力可近似表示为（Flather，1984 年）：

$$\tau_w=0.0013W^2nm^{-2} \tag{3.4}$$

潮流 U 的等价河床应力项为：

$$\tau_B=0.0025\rho U^2$$

因此，要使风压超过河床应力，则风速：

$$W>44U \tag{3.5}$$

3.1.4 方法

在 3.2 节中，假设潮流局限为轴向方向—X 轴。接着，指定水面梯度、分析河床摩擦系数 f 和垂向涡流黏度系数 E 对潮流结构的影响。该方法在狭长的浅水河口有效，即 ΩB

≪潮流 c（B，河道宽度；Ianniello，1997 年）。在狭长的浅水河口，水面梯度的轴向分量几乎不可能发生横向变化，且潮流横截面的变化与深度的变化直接相关（Lane 等，1997年）。本节中使用标度定律解释潮流结构的多样性。

在较为宽广的河口，水流流动更多是三维。3.3 节论证了地球自转所产生的科氏力的作用。由于科氏力大小直接取决于纬度，表明潮流的敏感程度接近于惯性纬度（全日潮＝30°；半日分潮＝70°）。

3.4 节分析了时均潮汐流和风海流。考虑不同潮位，以潮汐振荡变化为主，潮汐流和风海流通常比较微弱；考虑不同潮流，潮汐流和风海流较强，具有可比性，尤其在发生极端事件时。

3.2　二维潮流结构（X-Z）

在本节中假设潮流局限为轴向方向-X 轴的直线流，可以根据线性动量方程确定。潮汐流和风海流的垂直结构理论很大程度上依赖于垂直涡流黏度参数 E。本节推导出的解析解（Prandle，1982 年）假设垂直涡流黏度 E 是常量。Prandle（1982 年）将上述推导结果应用到垂直涡流黏度 E 的分析，E 随河床以上高度呈线性变化。

纵观本章内容，"河床"可以视为对数层和埃克曼层（Ekman layer）之间的界面（Bowden，1978 年）。精确模拟近河床范围（约1m）的垂直结构需要考虑边界层理论及 E随时间和深度的变化。该模拟必须确保对数流速剖线与外部流场基本吻合（Liu 等，2008年）。3.3 节对比分析了现有的解析解和精细数值模拟计算的潮流，其中通过"湍流能量闭合模型"计算得到 E（如附录 3B 所示）。

3.2.1　二维解析解

一维横向潮汐流动量方程忽略了垂直加速度、风场作用、对流和密度条件，可以表示为：

$$\frac{\partial U}{\partial t} = -g\frac{\partial \varsigma}{\partial X} + \frac{1}{\rho}\frac{\partial}{\partial Z}F_z \tag{3.6}$$

式中：F_z 为在 Z 水平面以上的水对 Z 水平面产生的摩擦应力的部分。通过垂向涡流黏度系数 E（常数）表示摩擦力如下：

$$F_z = \rho E\frac{\partial U}{\partial Z} \tag{3.7}$$

如果仅仅考虑任何位置频率为 ω 时的单一分潮，我们作以下假设：

$$U(Z,t) = \mathrm{Re}[U(Z)e^{i\omega t}] \tag{3.8}$$

及

$$\varsigma(t) = \mathrm{Re}[We^{i\omega t}] \tag{3.9}$$

式中：$U(Z)$ 和 W 采取复杂的形式来反映潮汐相位变化。

将式（3.7）、式（3.8）和式（3.9）代入式（3.6），可以消除时间变化函数 $e^{i\omega t}$，得到：

$$i\omega U = -g\frac{\partial}{\partial X}W + E\frac{\partial^2}{\partial Z^2}U \tag{3.10}$$

下列解满足式（3.10）：

$$U = A_1 e^{bZ} + A_2 e^{-bZ} + C \qquad (3.11)$$

其中

$$b = \left(\frac{i\omega}{E}\right)^{1/2} \text{ 和 } C = \frac{-g}{i\omega}\frac{\partial}{\partial X}W \qquad (3.12)$$

（1）边界条件。

水面，$Z = D$，则水面摩擦应力 $F_Z = 0$，即

$$A_1 b e^{bD} - A_2 b e^{-bD} = 0 \text{ 或 } A_1 = A_2 e^{-2bD} \qquad (3.13)$$

河床，$Z = 0$，我们假设式（3.7）所描述的摩擦应力等价于 2.5 节中二次线性摩擦定律所描述的压力（Proudman，1953 年），即

$$E(A_1 b - A_2 b) = \frac{8}{3\pi}fU^* U_{Z=0} = \frac{8}{3\pi}fU^*(A_1 + A_2 + C) \qquad (3.14)$$

式中：U^* 为平均深度的潮汐振幅。

（2）连续性。

水流总和可以表示为：

$$U^* D = \int_0^D U \mathrm{d}Z = \frac{A_1}{b}(e^{bD} - 1) - \frac{A_2}{b}(e^{-bD} - 1) + CD \qquad (3.15)$$

（3）速率剖面。

综合式（3.11）和式（3.15），我们可以得到任意高度 Z 的水流速率 U：

$$\frac{U(Z)}{U^*} = \frac{e^{bZ} + e^{-bZ + 2y}}{T} + Q \qquad (3.16)$$

其中

$$T = (1 - e^{2y})\left(\frac{j-1}{y-1}\right) - 2e^{2y} \qquad (3.17)$$

$$Q = \frac{j(1 - e^{2y} - 1 - e^{2y})}{T} \qquad (3.18)$$

$$j = \frac{3\pi Eb}{8f|U^*|} \qquad (3.19)$$

$$y = bD \qquad (3.20)$$

令 $j = J_i^{1/2}$、$y = Y_i^{1/2}$，可以得到

$$J = \frac{3\pi(E\omega)^{1/2}}{8fU^*} \qquad (3.21)$$

$$Y = \left(\frac{\omega}{E}\right)^{1/2}D \qquad (3.22)$$

3.2.2　与观测值的比较

式（3.16）所描述的速率剖面是一个两变量（J 和 Y）函数。其中，Y 可以理解为一个深度参数，通过埃克曼缩放转化为无量纲形式（Faller 和 Kaylor，1969 年；Munk 等，1970 年）。J 也是无量纲变量，并通过河床压力系数 f 和平均深度下的速度振幅 U^* 反映了底部二次压力的影响方程。式（3.16）也反映出：当 J 值很大，速度总是沿深度均匀分布。当 Y 值很大时，式（3.16）近似为一条单变量 J 的函数的渐近线。因此，整个垂

向潮流结构的变量范围分别为：$0 < Y < 5$ 和 $0 < J < 10$。

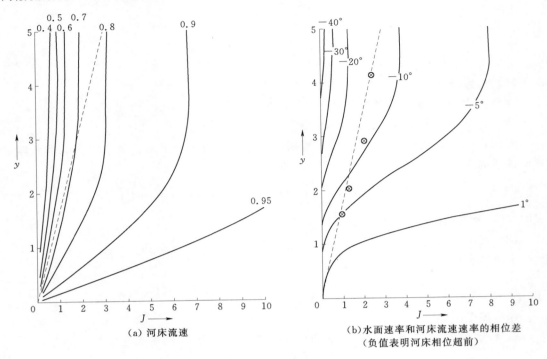

(a) 河床流速

(b) 水面速率和河床流速速率的相位差
（负值表明河床相位超前）

图 3.1　表层到河床的潮流振幅和相位差异，函数为 $f(J, Y)$

图 3.1 运用等值线表示河床速率和平均水深速率的比值，即 $|U_{z=0}/U^*|$，是 Y 和 J 的函数。图中还显示了水面速率和河床速率的相位差异，即 $\Delta\theta = \theta_s - \theta_b$。当 $\Delta\theta < 0$ 时，表示河床相位超前；当 $Y > 1$ 和 $J < 2$ 时，出现明显的垂直结构。图 3.2 特别强调后者（Prandle，1982 年），展示了整体流速结构，具体坐标值包括：$(J, Y) =$ (a)(0.5, 5)；(b)(5, 5)；(c)(0.5, 0.5)或(d)(5, 0.5)。

上述理论所描述的速率剖面与河流、河口和浅海的实测潮汐特征一致（范·维恩，1938 年）。垂向速率出现在部分高度处（$z = Z/D$），$0.25 < z < 0.42$，这验证了常见的工程假设：平均深度速率出现于河床上方约 $0.4D$ 处。$z = 0.4D$ 处的实测速率可以用来估计平均深度速率，其振幅的最大误差为 4% 和相位的最大误差为 $1.5°$。

最大速率通常发生在近水面。然而，当 $Y > 4$ 时，最大速率出现在水面以下；当 Y 约为 5 时，最大速率出现在中等水深处。

3.2.3　涡流黏度公式，斯特罗哈数（Strouhal number）

若要更全面的解释上述理论需要涡流黏度公式。两个常用假设如下所示：

$$E = \alpha U^* D \tag{3.23}$$

$$E = \frac{\beta U^{*2}}{\omega} \tag{3.24}$$

Bowden（1953 年）和 Kraav（1969 年）提出了分别类似于式（3.23）和式（3.24）的公式。将式（3.23）代入式（3.21）和式（3.22）中，可得：

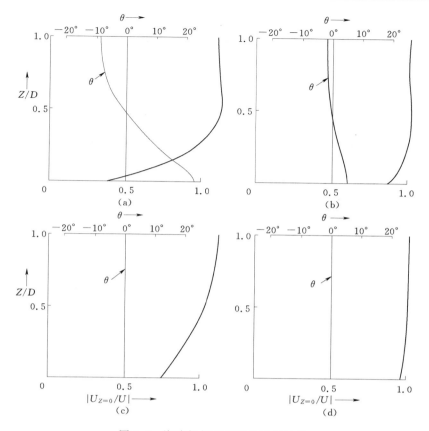

图 3.2 潮流振幅和相位的垂直结构

注 其函数 $f(J, Y)$，包括坐标点：$(J, Y)=$(a)$(0.5, 5)$；(b)$(5, 5)$；
(c)$(0.5, 0.5)$ 和 (d)$(5, 0.5)$。

$$Y = \frac{8}{3\pi} f \frac{J}{\alpha} \tag{3.25}$$

同理，将式（3.24）代入式（3.21）中得：

$$J = \frac{\beta^{1/2}}{8/3\pi} f \tag{3.26}$$

McDowell（1966 年）提出了在水面与河床间的相位差值 θ，用于实验室水槽中的振荡流，表明随着参数 fS_R 减少，相位差值 θ 不断增加，其中 $S_R = UP/D$，S_R 为斯特罗哈数。Prandle（1982 年）表明，这些数据与 $Y=1.7J$ 相符，因此满足 Bowden 的涡流黏度公式（1953 年）；同时，根据式（3.25）建议 $\alpha \sim 0.5 f$。基于 $E = \alpha' |U_{Z=0}|$，Bowden 发现 α' 的值在 $0.0025 \sim 0.0030$ 的范围内，因此与当前 α 值一致则要求 $|U_{Z=0}/U| \sim 0.5$。Prandle（1982 年）提出：式（3.6）的解析解须 $E > 0.5 f U^* D$。

当边界层厚度延伸到水面时，Bowden（1953 年）的公式适用于大多数河口；而在深水区，Kraav（1969 年）的公式适用。Davies 和 Furnes（1980 年）使用后面的公式模拟英国大陆架海域至 200m 水深的潮流结构。

假设 Bowden（1953 年）的涡流黏度公式中 $\alpha = f$，潮流的垂向结构函数式（3.16）

简化为单一参数的函数，该参数为 fS_R，且满足 $Y \sim 0.83J \sim 50/S_R^{1/2}$。图 3.3（Prandle，1982 年）显示了 $f=0.0025$ 时的潮流垂直结构 S_R 关系图，其中，S_R 是自变量，潮流垂直结构是因变量。当 S_R 值较小时，即 $S_R < 50$，潮流结构均一，除了近河床处存在微弱的相位超前。当值 S_R 较大时，潮流振幅不断增加，在 $S_R = 1000$ 附近接近渐近线。随着 S_R 增大，相变也增大，但在 $S_R = 350$ 的附近，水面和河床间的相位差值出现最大值。此后，相变随着 S_R 的增大而减小，且在 $S_R = 10000$ 附近，水面和河床的相位差值仅为 $1°$。除 $100 < S_R < 1000$ 的情况，相位变化通常集中于近河床处。

以一个典型强潮汐河口为例，其 M_2 分潮的潮流振幅 $U^* \approx 1m/s$，$D < 40m$、$S_R > 1000$，因此其潮流垂向结构会趋向于图 3.3 所示结果，即较大 S_R 时接近渐进解。

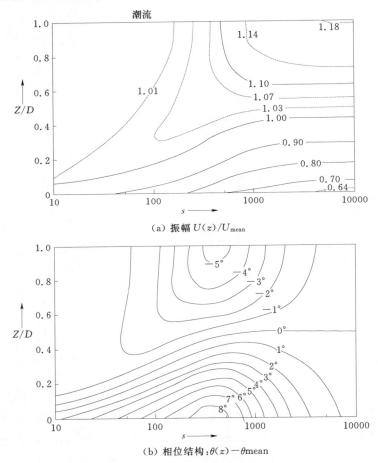

（a）振幅 $U(z)/U_{mean}$

（b）相位结构：$\theta(z) - \theta_{mean}$

图 3.3　潮流分布-斯特劳哈尔数（Strouhal number）关系图
注　斯特劳哈尔数为自变量，$S_R = U^* P/D$；潮流垂直结构是因变量。

3.3　三维潮流结构（X-Y-Z）

基于上述理论，从单向扩展至三维潮流，两者的根本区别在于动量方程式（3.6）中包含了科氏力。虽然对于许多河口的主潮汐分潮而言，该项的平均深度效应可能是二阶的，对垂直结构产生的（微小）影响也可能非常重要。

3.3.1　潮汐椭圆的顺时针分量和逆时针分量

在水平面上，潮流矢量旋转，相对于固定的原点，绘出椭圆路径。通常将椭圆分解为两部分：顺时针旋转（R_2，g_2）和逆时针旋转（R_1，g_1）。附录 3A 对此进行了较完整的描述。以矢量符号表示，X 为实轴，Y 为正交复合轴，R 为潮汐矢量，可表示为：

$$\boldsymbol{R}=U+iV \tag{3.27}$$

将 $\boldsymbol{R}$ 分解成顺时针分量 $\boldsymbol{R}_2$ 和逆时针分量 $\boldsymbol{R}_1$（｜$\boldsymbol{R}_1$｜和｜$\boldsymbol{R}_2$｜为常数），即

$$\boldsymbol{R}=\boldsymbol{R}_1+\boldsymbol{R}_2 \tag{3.28}$$

3.3.2　三维解析解

二维的线性水流运动方程可表示为：

$$\frac{\partial U}{\partial t}-\varOmega V=-g\frac{\partial \varsigma}{\partial X}+\frac{1}{\rho}\frac{\partial}{\partial Z}F_{zx} \tag{3.29}$$

及

$$\frac{\partial V}{\partial t}+\varOmega U=-g\frac{\partial \varsigma}{\partial Y}+\frac{1}{\rho}\frac{\partial}{\partial Z}F_{zy} \tag{3.30}$$

式中：$\varOmega$ 为科氏参数；F_{zx} 和 F_{zy} 分别为 F_z 沿 X 轴和 Y 轴的分量。

这两个方程可以通过方程式（3.27）和式（3.28）转换为下列方程，分别表示两个旋转分量：

$$逆时针\quad i(\varOmega+\omega)\boldsymbol{R}_1=G_1+\frac{\partial}{\partial Z}E\frac{\partial}{\partial Z}\boldsymbol{R}_1 \tag{3.31}$$

$$顺时针\quad i(\varOmega-\omega)\boldsymbol{R}_2=G_2+\frac{\partial}{\partial Z}E\frac{\partial}{\partial Z}\boldsymbol{R}_2 \tag{3.32}$$

式中：G_1 和 G_2 为水面梯度的旋转分量。

假设 E 随深度保持不变，对比方程式（3.31）、式（3.32）和式（3.10）发现方程式（3.31）、式（3.32）是类似的。因此，其解析解等效，但顺时针分量和逆时针分量存在重要差别：

对逆时针分量而言：

$$b\rightarrow B_1=\left[\frac{i(\varOmega+\omega)}{E}\right]^{1/2} \tag{3.33}$$

对顺时针分量而言：

$$b\rightarrow B_2=\left[\frac{i(\varOmega-\omega)}{E}\right]^{1/2} \tag{3.34}$$

当 $\varOmega>\omega$ 时，其相应的速率剖面可以直接从前面所述的一维剖面来推导，只需简单将 ω 更换为 $\omega'=\varOmega\pm\omega$。当 $\varOmega<\omega$ 时，顺时针参数 B_2 可改写成以下形式：

$$B_2^1=\left[\frac{i(\omega-n)}{E}\right]^{1/2} \tag{3.35}$$

从方程（3.11）中可知，速率剖面依赖于 $\exp(\pm bZ)$，并且：

$$e^{i^{1/2}}q=(e^{iq^2})^{1/2} \tag{3.36}$$

鉴于

$$e^{i^{3/2}q} = (e^{-iq^2})^{1/2} \tag{3.37}$$

q 是实常数，方程式（3.37）中的变量 i 只是简单地改变了旋转方向。因此，水面和河床之间的相位差符号发生变化；然而，由于矢量在两个相反的方向交替转换，因此依旧存在河床上的相位超前。

潮汐椭圆中 $a-c$ 和 $c-w$ 部分的潮流结构可以根据图 3.3 估计，计算各自斯特罗哈数（Strouhal number）如下：

$$S_{a-c} = \frac{2\pi|R_1|}{[D(\Omega+\omega)]} \text{ 和 } S_{c-w} = \frac{2\pi|R_2|}{[D(\omega-\Omega)]} \tag{3.38}$$

因此，针对纬度小于 70°区域的半日潮组分，垂直结构的顺时针分量将远大于逆时针分量。潮流顺时针组分更为显著意味着潮流椭圆会更偏向于河床（正偏心距表明 $|R_1| > |R_2|$）。同理可以推断，椭圆的长轴方向将以顺时针方向转向河床。

中纬度地区的其他主要潮汐频带，即全日、1/4 日潮，其 $\Omega+\omega：|\Omega-\omega|$ 比值小于半日潮汐频带 $\Omega+\omega：|\Omega-\omega|$ 的比值。因此，两个旋转分量的速率结构差异应小于 M_2。

3.3.3 对摩擦系数和涡流黏度的敏感性

附录 3A 表明如何利用 $a-c$ 和 $c-w$ 向量分量来推求椭圆参数——长轴上的振幅 A、偏心距 E_C、方向 Ψ 和相位 ϕ。总之，逆时针潮流矢量（R_1，θ_1）和顺时针潮流矢量（R_2，θ_1）与以下常用参数有关：

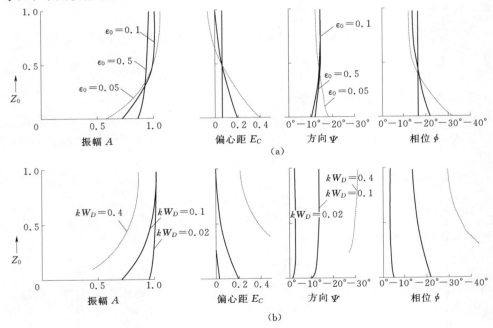

图 3.4　潮流结构对涡流黏度和河床摩擦系数的敏感性

注　1. 涡流黏度 $E=\varepsilon_0 D^2 \Omega$，$\varepsilon_0 = 0.05$、0.1 和 0.5（$kW_0=0.1$）。
　　2. 河床压力 $\tau=\rho fU^* U$，$fU^* = kW_0\Omega D$，$kW_0 = 0.02$、0.1 和 0.4（$\varepsilon_0=0.1$）。
　　3. 55°N 处振幅为 1m/s 的 M_2 分潮振幅。

$$A=R_1+R_2 \ ; \ E_C=\frac{R_1-R_2}{R_{1+R_2}} \ ; \ \psi=\frac{\theta_2+\theta_1}{2} \ \text{和} \ \phi=\frac{\theta_2-\theta_1}{2} \tag{3.39}$$

图 3.4（Prandle，1982 年）说明在 55°N 的 M_2 分潮的典型潮流结构及其对 f 和 E 的敏感性。这些结果表明，在河床附近，减少 E 会增强潮流垂直结构、减小振幅、增加偏心距（向 $a-c$ 正方向），并使相位提前。这些趋势类似于增加底部摩擦的情况，但增加底部摩擦还会减少总潮流振幅（涉及用来表示表层梯度的光滑值）。

3.3.4 对纬度的敏感性

图 3.5（Prandle，1997 年）表明式（3.31）和式（3.32）的解为纬度和水深的函数，用以反映表层梯度，这符合线性"自由"潮流 $R^*=0.32\text{m/s}$。["自由流"与 D 无穷大或 $f=0$ 时方程式（3.31）和式（3.32）的解对应，即深水、无摩擦条件]。该图强调摩擦作用在符合惯性频率的纬度地区增强，即 M_2 分潮：$\sin^{-1}(24/2/12.42)=75°$。

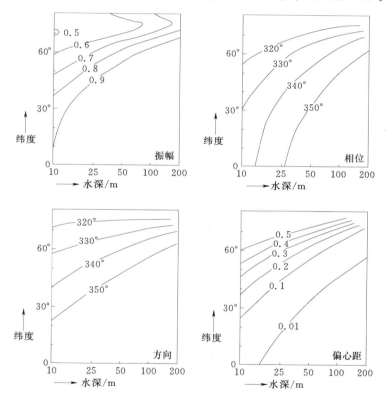

图 3.5 由于河床摩擦引起的平均深度 M_2 分潮椭圆的调整

注 等值线图显示与零偏心距、相位和方向的光滑值相关的变化
（振幅 $R=0.32\text{m/s}$ 时呈现细微变化）。

图 3.6（Prandle，1997 年）通过二维垂向平均模型和三维模型（Prandle，1997 年），并结合 Mellor - Yamada 2.5 阶封闭方式模拟扩展了上述结果。Mellor - Yamada 2.5 阶封闭方式如附录 3 B 所示。其中，模拟计算中 R^* 的取值范围是 0.1m/s、0.32m/s 和 1.0m/s。图中的等值线取值限制在 $|R|=0.9R^*$、相位和方向 $=\pm 10°$、偏心距 $=\pm 0.1$。这些可被视为以

下两种条件之间的边界：潮汐传播很少受到摩擦影响的区域（深水区域）和底部摩擦愈加明显的区域（浅水区域）。

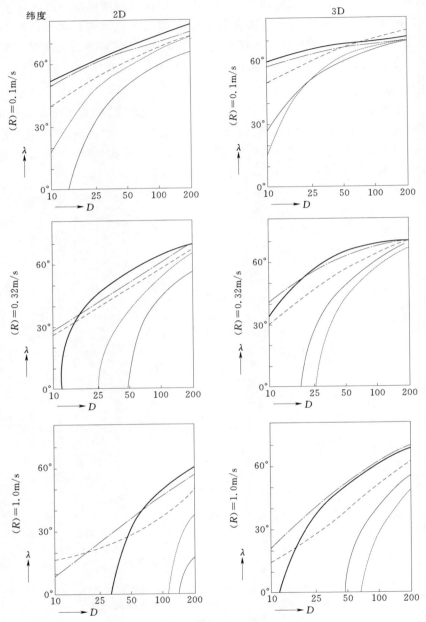

— 振幅 0.9；-·-·-相位 350°；----方向 350°；⋯⋯偏心距 0.1；——河床摩擦系数 $f \times 5 = (0.0125)$。

无摩擦情况分别为：$R^* = 0.1$（上）m/s；0.32（中间）m/s；1.0（底部）m/s。

图 3.6　根据二维和三维模型中的摩擦力，调整 M_2 分潮的平均深度椭圆参数

注　左边一列图表示二维模型中的河床摩擦；右边一列图表示三维模型中的河床摩擦和垂直涡流黏度
（MY2.5 模型）。

二维和三维模型的平均深度潮流椭圆参数的性质相同，表明在深水区域如何使二维、三维模型的结果非常接近；而在浅水区域，适当调整河床摩擦系数，二维模型的模拟结果可以用来近似表示三维模型结果。如 2.5 节所示，对于主潮汐组分 i，二次摩擦系数 fR_iR_i｜可以线性（一维）表示为 $(8/3\pi)fR_iR_i^*$（其中 R_i^* 表示潮汐振幅）；其他组分 j 的等价线性化是 $(4/\pi)fR_jR_i^*$。因此，摩擦效应与所有组分（分潮）的 fR_i^* 呈线性比例关系；为提高二维模型中主成分（主要分潮）的再现优化 f，不应对其他组分（分潮）产生反作用影响。如图 3.6 所示，$f=0.0125$ 时的结果用来说明摩擦放大系数，适用于上述模拟中通过 $3/2R_i^*R_j^*$ 分解的次要组分（分潮）。

3.3.5 从水面到河床的潮流椭圆变化

图 3.7（Prandle，1997 年）表示通过以下两种模型模拟的表层与河床之间的潮流椭圆参数变化：2.5 阶闭合 $k-\varepsilon$ 模型和包含 E 常数的解析解（Prandle，1982 年）。两种方法的吻合程度是由于分析模型中 $E-E_0$，其中 E_0 表示通过 $k-\varepsilon$ 模型计算得到的河床垂向

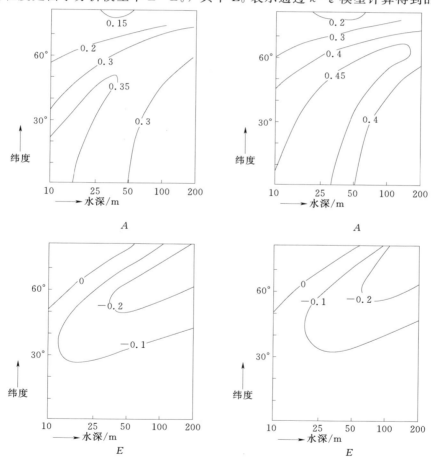

图 3.7 M_2 分潮潮幅和偏心距从表层至河床的变化

（振幅是无摩擦平均深度 $R^*=0.32\text{m/s}$ 的一部分，$E_c=0$）

注　左边一列解析解（3.2 节）；右边一列三维数值模型（MY2.5 阶模型）。

涡动黏滞系数的时均值。虽然上述转换可以用来调整任何特定的椭圆参数，但是它不可能使四个参数同时准确地吻合。因此，如果要详细表示潮流剖面，则需使用模型（B）来详细描述 E 的时间和垂向变化。

通过 k-ε 模型（B）计算的 E 的平均深度值通常是河床值 E_0 的 4 倍。因此，确定模型（C）中采用 E_0 明显地减弱了图 3.7 中所示的垂直结构。

3.3.6 潮间带的海流

潮间带干湿交替能够产生明显的沿岸流。如果假定沿岸流是入水和出水的主要来源，那么，均衡岸坡 SL 的潮流流速将会产生 $\omega\varsigma^*/SL$ 的潮流振幅，其中 ς^* 表示水面高程的振幅。对半日型潮流而言，符合每公里出露海岸的最大沿岸流振幅 7cm/s。根据模拟结果和 H.F. 雷达观测数据，Prandle（1991 年）指出潮间带的沿岸流改变了近岸区域的潮汐椭圆特征。

3.4 余流

从潮流观测数据中去除振荡潮汐组分后，其余流可能受"修正后"的潮汐传播、直接（局部）风应力、间接（较大规模）风应力、面波及水平和垂直密度梯度的影响。其中任何一个组分与潮汐组分的相互作用促成潮汐组分的明显改变，并额外形成非潮汐余流。不同频段对非潮汐流的选择性过滤可以用来分离上述许多组分。

密度驱动的余流将在第 4 章中进行详细描述。Soulsby 等（1993 年）对潮流与面波相互作用的性质和影响进行了综述分析，定量分析了该作用对河床摩擦系数的影响。Wolf 和 Prandle（1999 年）说明了浅水面波如何才可以大幅度削弱潮流。

3.4.1 风生流

将观测到的风生流与风应力联系起来非常困难。风本身和相关潮流表现出明显的小尺度（时间和空间）变异。在浅水区，部分风应力可能被水面坡度影响相抵。在狭窄的横截面，水面坡度可以产生比局部直接作用在水面的风应力引起的风生流大几个数量级的潮流（Prandle 和 Player，1993 年）。

Ekman 首次研究了在稳态条件下海平面对水面风应力的响应；Defant（1961 年）对其结果进行了简要总结。其基本特征可以通过式（3.31）和式（3.32）的稳态解进行描述（Prandle 和 Matthews，1990 年）。因此，式（3.31）和式（3.32）可修改如下：

$$i\Omega R + S = E\frac{\partial^2 R}{\partial Z^2} \qquad (3.40)$$

式中：S 为水面梯度项；E 为垂直黏滞项，假设为常数。
而水面（$Z=D$）和河床（$Z=0$）边界条件分别表示为：

$$\tau_W = \rho E\frac{\partial R}{\partial Z} \qquad (3.41)$$

$$\rho F R_{Z=a} = \rho E\frac{\partial R}{\partial Z} \qquad (3.42)$$

式中：τ_W 为水面风应力；$F R_{Z=0}$（线性）为河床摩擦。

用艾克曼螺旋（Ekman spiral）表示的解：
$$R = Ae^{hZ} + C \tag{3.43}$$

满足以下条件：
$$R_{(Z)} = \frac{\tau_w}{\rho Eb\, e^{bD}}\left(e^{hZ} + \frac{Eb}{F} - 1\right) \tag{3.44}$$

其中
$$b^2 = I(\Omega/E)$$

深水区，$bD \gg 1$，即 $D \gg (E/\Omega)^{1/2}$，式（3.44）的第一项占优势，并且：
$$R_{Z=D} = \frac{-\tau_w i^{1/2}}{\rho(\Omega E)^{1/2}} \tag{3.45}$$

即重要的表层潮流取决于纬度影响并以顺时针 45°方向往风应力方向旋转。

在浅水区，第二项占优势，并且：
$$R = \frac{\tau_w e^{-bD}}{\rho F} \tag{3.46}$$

即重要潮流取决于河床摩擦系数，并与风向一致。

根据 H. F. 雷达观测资料的统计结果，图 3.8 分析了风力驱动的表层潮流响应（Prandle 和 Matthews，1990 年）。

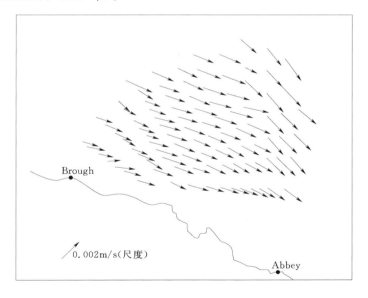

图 3.8　风力驱动的表层潮流（风向：西风；风力：1m/s）
（根据 H. F. 雷达观测值分析绘图）

用式（3.4）代替风应力 τ，则产生与图 3.8 中根据雷达观测值所示的结果高度一致的响应。稳态表层潮流通常是风速的 1% 或 2%，在深水区量级增加，并且以 45°的理论深水值向风的右侧旋转。观测到的转向范围为 3°～35°（顺时针）。

3.4.2　潮汐余流

在 2.6 节中，描述了在半日潮和全日潮期间向河口传播潮汐能产生高阶谐波和余流组分的机制。分析表明：由于很难确定哪个参数是主导（线性）因子，导致余流的测算非常复杂。在浅水区，由于各自具有不同的参考系统使余流组分的计算更加复杂，例如，河床以上或水面以下固定距离或分段高度。通过声学多普勒海流剖面仪（ADCP）提供的连续剖面使得观测数据很容易插入选定的垂直体系。然而，对于余流和高阶谐波，派生值对指定的体系特别敏感（Lane 等，1997 年）。

河床之上某一固定高度的 Euler 潮流与系留式海流计观测的速率相对应。平均深度 Euler 潮汐余流定义为：

$$U_E = \frac{1}{P}\int_0^P \left(\frac{1}{D+\varsigma}\int_0^{D+\varsigma} U(Z)\,dZ\right)dt \tag{3.47}$$

平均深度 Euler 潮汐输送余流为：

$$U_T = \frac{1}{DP}\int_0^P \left(\int_0^{D+\varsigma} U(Z)\,dZ\right)dt \tag{3.48}$$

其中，$U_T D = Q$，Q 为单位宽度的河流流量。

对于某一方向上的单一潮汐组分（分潮）的均匀流，上述余流组分之间的差异是

$$U_T = U_E + 0.5\,\varsigma^* U^*/D\cos(\theta) \tag{3.49}$$

式中，θ 为 ς 和 U 的相位差，并且第二项被称为斯托克斯位移（Stokes' drift）。Cheng 等（1986 年）进一步详细描述了非均匀流场中欧拉流（Eulerian flows）和拉格朗日流（Lagragian flows）的区别。

Prandle（1975 年）表明，平均深度的净能量传播可以近似表示为：

$$EN = \rho g D[0.5\,\varsigma^* U^*/\cos(\theta)] \tag{3.50}$$

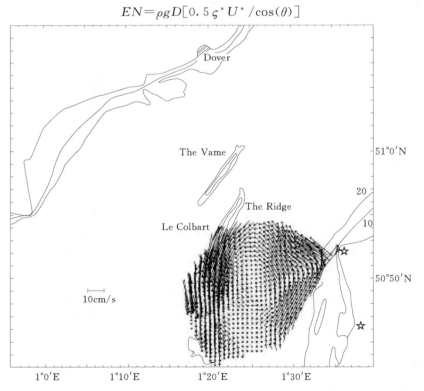

图 3.9　H. F. 雷达观察到表层潮汐余流

这意味着，潮汐能量的净传播将伴随着小规模的斯托克斯余流位移。在开阔海域，还会产生持续的余流循环。Prandle（1984 年）开展的建模研究显示：在英国大陆架出现 1～3cm/s 的典型余流。然而，在封闭的河口区域，肯定会出现补偿流，如 2.6.3 小节所示。

如图 3.9 所示，在多佛海峡（Dover Strait）长期的 H. F. 雷达监测中，发现存在表层余流涡旋，这是上述持续的潮汐驱动余流的一个例子（Prandle 和 Player，1993 年）。这种涡旋并非特例，而是大部分海岸线的特征，尽管通过常规仪器可以辨别、测量的案例不多。Geyer 和 Signell（1991 年）用船载 ADCP 绘制了一个类似的岬角环流。

3.5　小结及应用

尽管在河口区出现大规模的涨落潮潮程，盐分、泥沙和污染物的长期混合对小规模潮流变异和持续的余流环流也很敏感。因此，本章重点关注决定潮流垂直结构的比例因子，说明潮流垂直结构对潮流振幅、周期、深度、摩擦系数和纬度的敏感度。

关键问题是：潮流如何随水深、摩擦、纬度和潮汐周期变化？

式（2.13）显示了平均深度处潮汐速率的振幅 U^* 如何与海洋表层梯度 ς_x 成正比：除以惯性项 ωU 和线性摩擦系数 FU 的总和，其中 $\omega = 2\pi/P$，P 为潮汐周期。这里针对特定 ς_x 值，计算相关垂直结构的"单点"解析解。对于恒定的涡动黏滞系数 E，垂直结构通常由以下两个参数确定：$Y = D(\omega/E)^{1/2}$ 和 $J = 3\pi(E\omega)^{1/2}/8fU^*$（$D$ 为水深，f 为河床摩擦系数）。Y 类似于埃克曼（Ekman）高度，J 引入了河床摩擦的影响。

通过对比潮流结构的实际观测值和上述分析结果，并考虑解析解的自我一致性，表明近似值 $E = fU^*D$ 在强潮浅水区域是有效的，浅水区底部边界层的影响力延伸到表层。图 3.7 对比分析了通过常数 E 确定的潮流结构和使用湍流闭合模块进行的详细数值模拟结果（附件 3B）。两者总体上高度吻合代表了近似值的有效性。

如上所述，通过 E 值近似表示，潮流垂直结构的特征可以简化为对斯特罗哈数（Strouhal number）的依赖性，$S_R = UP/D$，其中 $f = 0.0025$ 时，$Y = J = 50/S_R^{1/2}$。随着 S_R 的增加直至其渐进线 $S_R = 350$，振幅结构变得更加渐趋明显。相应地，$S_R = 350$ 时，其相位变化达到最大值，随着 S_R 值增大或减小，相位变化均会减小（图 3.3）。在强潮或中强度潮流的河口，斯特罗哈数（Strouhal number）会远大于 1000。

通过该理论解释的常见特征包括（图 3.1 和图 3.3）：

（1）平均深度流速出现在河床上方局部高度（$z = Z/D$，$z = 0.4$）。

（2）相对于表层存在河床相位超前，其超前值可高达 $20°$（当 $S_R = 350$）。相对深水的中间部分，海岸带也存在类似的相位超前。

（3）最大速率出现在表层水面，除了 $Y > 4$（$S_R < 300$）时次表层出现最大值（尽管不是特别明显）。

上述方法忽略地球自转作用，即式（2.1）和式（2.2）中的科氏力。即使在狭长的河口，科氏力也是决定潮流结构细节部分的显著因素。潮流不只是沿着单轴涨落，而是以椭圆轨迹旋转，足以说明科氏力的重要作用。椭圆特征由以下参数表示：沿主轴线的振幅

A_{MAX}；沿（正交）短轴的振幅 A_{MIN}，主轴的 ψ 方向；相位 φ（最大潮流的时间）。偏心距 $E_c = A_{\text{MIN}}/A_{\text{MAX}}$，另外规定逆时针 $(a-c)$ 旋转为正，顺时针 $(c-w)$ 旋转为负。

根据观测值计算得到的椭圆参数的垂直变化往往十分复杂。然而，当椭圆被分解成顺时针和逆时针两个旋转分量时，肯定会出现一个基础系统结构。（一维水流符合 $E_c = A_{\text{MIN}} = 0$，并且在两个旋转分量相等时出现）。这种矢量分解能够直接说明科氏力的作用。因此，本章将科氏力包括在内，扩展了上述理论，针对两个旋转分量分别引入斯特罗哈数（Strouhal numbers），如下所示：

$$S_{a-c} = \frac{2\pi U}{D(\omega+\Omega)} \text{ 和 } S_{c-w} = \frac{2\pi U}{D(\omega-\Omega)} \tag{3.51}$$

对于半日分潮，$\omega = 1.4 \times 10^{-4}$，而在纬度 50° 处，科氏系数 $\Omega = 1.1 \times 10^{-4}$。因此，在该条件下，可以看出 $c-w$ 轴的斯特罗哈数（Strouhal number）通常比 $a-c$ 轴的斯特罗哈数（Strouhal number）大一个数量级，导致 $c-w$ 轴方向有更明显的垂直结构，并直接解释了以下常见特征：

（1）$c-w$ 轴方向越靠近表层，偏心距越大。

（2）主轴改变 $a-c$ 方向转向表层。

图 3.5 显示当 ω 适当时，潮流的高度敏感性接近于惯性纬度（半日分潮 = 70°，全日潮 = 30°）。这可以通过 Csanady（1976 年）提到的边界层厚度来证实，因此潮流的垂向涡流黏度本身与科氏参数相关。

上述数学方法用于确定潮流结构的细节，也可以有效地用于获取风驱稳态垂直水流结构式（3.44）。该理论解释了观测到的图 3.8 所示风驱水流的"埃克曼螺旋模式"。最大表层流流速可达风速的百分之几，出现在深水区域，向风的右侧旋转 45°（北半球）。在浅水区域，河床摩擦力使潮流减弱并使其基本沿风向排列。

附录 3A

3A.1　潮流椭圆

图 3A.1（Prandle，1982 年）说明如何将潮流椭圆分解为两个旋转分量。潮流向量显示在时间等于 0 时。

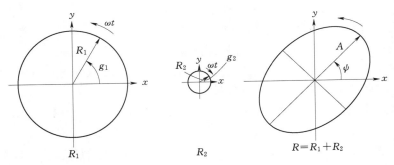

图 3A.1　潮流椭圆分解为顺时针和逆时针旋转分量

左图，逆时针旋转分量如下所示：

$$R_1 = |R_1|(\cos g_1 + i \sin g_1) \qquad (3A.1)$$

中图，顺时针旋转分量则表示为：

$$R_2 = |R_{12}|(\cos g_2 + i \sin g_2) \qquad (3A.2)$$

最大流量出现在时间 t_{MAX} 时，此时 R_1 和 R_2 是一致的，即

$$\omega t_{MAX} + g_1 = -\omega t_{MAX} + g_2$$

或

$$t_{MAX} = \frac{g_2 - g_1}{2\omega} \qquad (3A.3)$$

相位 ω 由下式给出：

$$\varphi = \omega t_{MAX} \qquad (3A.4)$$

并且最大振幅 A_{MAX} 为：

$$A_{MAX} = |R_1| + |R_2| \qquad (3A.5)$$

X 轴最大潮流的倾斜度 ψ 是：

$$\psi = \omega t_{MAX} + g_1 = -\omega t_{MAX} + g_2 = \frac{1}{2}(g_2 + g_1) \qquad (3A.6)$$

当 R_1 和 R_2 相反时，出现其最小振幅 A_{MIN}：

$$A_{MIN} = ||R_1| - |R_2|| \qquad (3A.7)$$

椭圆的偏心距 E_c 被定义为 $A_{MIN} : A_{MAX}$ 的比率。然而，我们通常使用 E_c 正值表示逆时针旋转，即 $|R_1| > |R_2|$，E_c 负值表示顺时针旋转，即 $|R_1| < |R_2|$。因此，设 $\mu = |R_1| / |R_2|$，则 E_c 如下所示：

$$E_c = \frac{\mu - 1}{\mu + 1} \qquad (3A.8)$$

因此，当 $\mu = 1$ 时，$|E_c|$ 出现最小值；在 $\mu > 1$ 时，E_c 随 μ 值的增加而增加。

附录 3B

3B.1　湍流模型

Mellor - Yamada 2.5 阶模块（MYL 2.5，Mellor 和 Yamada，1974 年）广泛用于确定垂直涡流黏度 K_M 和垂直涡动扩散系数 K_q。Deleersnijder 和 Luyten（1993 年）对该模型进行了改进。Umlauf 和 Burchard（2003 年）描述了最新进展。

湍流动能（TKE 或 K）方程是 $k = q^2 / 2$。

$$\frac{\partial}{\partial t}\left(\frac{q^2}{2}\right) = \frac{\partial}{\partial Z}\left[K_q \frac{\partial}{\partial Z}\left(\frac{q^2}{2}\right)\right](扩散)$$

$$+ K_M\left[\left(\frac{\partial U}{\partial Z}\right)^2 + \left(\frac{\partial V}{\partial Z}\right)^2\right](剪切作用)$$

$$- \frac{q^3}{B_1} = 0 (耗散)$$

$$(3B.1)$$

其中 $B_1 = 16.6$，涡流系数与混合长度 l 及其相关的稳定函数 S_q 和 S_H 成正比；因此

$$K_q = l_q, S_q = 0.2 lq \qquad (3B.2)$$

$$K_M = l_q, S_M = 0.4lq \tag{3B.3}$$

混合长度 l 可通过下面的相关方程确定：

$$\frac{\partial}{\partial t}q^2 l = \frac{\partial}{\partial Z}\left[K_q\frac{\partial}{\partial Z}(q^2 l)\right] + E_1 l K_M\left[\left(\frac{\partial U}{\partial Z}\right)^2 + \left(\frac{\partial V}{\partial Z}\right)^2\right] - \frac{Wq^3}{B_1} \tag{3B.4}$$

壁面近似函数 W 的定义为：

$$W = 1 + \frac{E_2 l^2}{(K_v L)^2} \tag{3B.5}$$

其中 $E_1 = 1.8$，$E_2 = 1.33$。K_v 是冯卡曼常数（the van Karman constant）（$K_v = 0.4$），L 是距海底距离 d_b 和距海面距离 d_s 两个变量的函数，因此，

$$L = \frac{d_s d_b}{d_s + d_b} \tag{3B.6}$$

在海面和海底的边界条件为：

$$K_M\frac{\partial R}{\partial Z} = \frac{\tau_B}{\rho} \tag{3B.7}$$

$$K_M\frac{\partial R}{\partial Z} = \frac{\tau_0}{\rho} \tag{3B.8}$$

其中速率

$$R = U + iV$$

式中：τ_0 为应用风应力；τ_b 为海底的潮汐应力（$\rho f R|R|$）。

在水面及海底：$q^2 l = 0$。

参考文献

Bowden, K. F., 1953. Note on wind drift in a channel in the presence of tidal currents. Proceedings of the Royal Society of London, A, 219, 426 – 446.

Bowden, K. F., 1978. Physical problems of the Benthic Boundary Layer. Geophysical Surveys, 3, 255 – 296.

Cheng, R. T., Feng, S., and Pangen, X., 1986. On Lagrangian residual ellipse. In: van de Kreeke, J. (ed.), Physics of Shallow Estuaries and Bays (Lecture Notes on Coastal and Estuarine Studies No. 16) Springer – Verlag, Berlin, 102 – 113.

Csanady, G. T., 1976. Mean circulation in shallow seas. Journal of Geophysical Research, 81, 5389 – 5399.

Davies, A. M. and Furnes, G. K., 1980. Observed and computed MZ tidal currents in the North Sea. Journal of Physical Oceanography, 10 (2), 237 – 257.

Defant, A., 1961. Physical Oceanography, Vol. 1. Pergamon Press, London.

Deleersnijder, E. and Luyten, P., 1993. On the Practical Advantages of the Quasi – Equilibrium Version of the Mellor and Yamada Level 2 – 5 Turbulence Closure Applied to Marine Modelling. Contribution No. 69. Institui d'Astronomie et de Geophysique, Universite Catholique de Louvain, Belgium.

Fallen A. J. and Kaylor, R., 1969. Oscillatory and transitory Ekman boundary layers. Deep – Sea Research, Supplement, 16, 45 – 58.

Flather, R. A., 1984. A numerical model investigation of the storm surge of 31 January and 1 February 1953 in the North Sea. Quarterly. Journal of the Royal Meteorological Society, 110, 591 – 612.

Geyer, W. R. and Signell, R., 1991. Measurements and modelling of the spatial structure of nonlinear tidal flow around a headland. In: Parker, B. B. (ed.), Tidal Hydrodynamics. John Wiley and Sons, New York, 403 – 418.

Heaps, N. S., 1969. A two – dimensional numerical sea model. Philosophical Transactions Royal Society, London, A, 265, 93 – 137.

Ianniello, J. P., 1977. Tidally – induced residual currents in estuaries of constant breadth and depth. Journal of Marine Research, 35 (4), 755 – 786.

Kraav, V K., 1969. Computations of the semi – diurnal tide and turbulence parameters in the North Sea. Oceanology, 9, 332 – 341.

Lane, A., Prandle, D., Harrison, A. J., Jones, P. D., and Jarvis, C. J., 1997. Measuring fluxes in estuaries: sensitivity to instrumentation and associated data analyses. Estuarine, Coastal and Shelf Science, 45 (4), 433 – 451.

Liu, W. C., Chen, W. B., Kuo, J – T., and Wi, C., 2008. Numerical determination of residence time and age in a partially mixed estuary using a three – dimensional hydrodynamic model. Continental Shelf Research, 28 (8), 1068 – 1088.

McDowell, D. M., 1966. Scale effect in hydraulic models with distorted vertical scale. Golden Jubilee Symposia, Vol. 2, Central Water and Power Research Station, India, 15 – 0.

McDowell, D. M. and Prandle, D., 1972. Mathematical model of the River Hooghly. Proceedings of the American Society of Civil Engineers. Journal of Waterways and Harbours Division, 98, 225 – 242.

Mellor, G. L. and Yamada, T., 1974. A hierarchy of turbulence closure models for planetary boundary layers. Journal of the Atmospheric Science, 31, 1791 – 1806.

Munk, W., Snodgrass, F., and Wimbush, M., 1970. Tides off – shore: Transition from California coastal to deep – sea waters. Geophysical Fluid Dynamics, 1, 161 – 235.

Pingree, R. D. and Maddock, L., 1980. Tidally induced residual flows around an island due to both frictional and rotational effects. Geophysical Journal of the Royal Astronomical Society, 63, 533 – 546.

Prandle, D., 1975. Storm surges in the southern North Sea and River Thames. Proceeding of the Royal Society of London, A, 344, 509 – 539.

Prandle, D., 1982a. The vertical structure of tidal currents and other oscillatory flows. Continental Shelf Research, 1, 191 – 207.

Prandle, D., 1982b. The vertical structure of tidal currents. Geophysical and Astrophysical Fluid Dynamics, 22, 29 – 49.

Prandle, D., 1984. A modelling study of the mixing of 137Cs in the seas of the European continental shelf. Philosophical Transactions of the Royal Society of London, A, 310, 407 – 436.

Prandle, D., 1991. A new view of near – shore dynamics based on observations from H. F. Radar. Progress in Oceanography, 27, 403 – 438.

Prandle, D., 1997. The influence of bed friction and vertical eddy viscosity on tidal propagation. Continental Shelf Research, 17 (11), 1367 – 1374.

Prandle, D., 2004. Saline intrusion in partially mixed estuaries. Estuarine, Coastal and Shelf Science, 59, 385 – 397.

Prandle, D. and Ryder, D. K., 1989. Comparison of observed (H. F. radar) and modelled near – shore velocities. Continental Shelf Research, 9, 941 – 963.

Prandle, D. and Matthews, J., 1990. The dynamics of near – shore surface currents generated by tides, wind and horizontal density gradients. Continental Shelf Research, 10, 665 – 681.

Prandle, D. and Player, R., 1993. Residual currents through the Dover Strait measured by H. F. Radar. Estuarine, Coastal and Shelf Science, 37 (6), 635 – 653.

Proudman, J., 1953. Dynamical Oceanography. Methuen and Co. Ltd, London.

Soulsby, R. L., Hamm, L., Klopman, G., Myrhaug, D., Simons, R. R., and Thomas, G. P., 1993. Wave - current interaction within and outside the bottom boundary layer. Coastal Engineering, 21, 41 - 69.

Souza, A. J. and Simpson, J. H., 1996. The modification of tidal ellipses by stratification in the Rhine ROFI. Continental Shelf Research, 16, 997 - 1008.

Umlauf, L. and Burchard, H., 2003. A generic length - scale equation for geophysical turbulence models. Journal of Marine Research, 6, 235 - 265.

Van Veen J., 1938. Water movements in the Straits of Dover. Journal du Conseil, Conseil International pour l Exploration de la Mer, 14, 130 - 151.

Wolf, J. and Prandle, D., 1999. Some observations of wave - current interaction. Coastal Engineering, 37, 471 - 485.

Zimmerman, J. T. F., 1978. Topographic generation of residual circulation by oscillatory (tidal) currents. Geophysical and Astrophysical Fluid Dynamics, 11, 35 - 477.

4 咸 潮 入 侵

4.1 引言

河口区的咸潮入侵本质上是由潮幅、河川径流和测深控制的。咸潮入侵的模式可能会因受到干扰而改变，如河道挖沙、堤坝建设、径流调节等，以及与全球气候变化相关的海平面变化或径流变化。控制咸潮入侵将对水质、沉积物以及污染物扩散等具有重要影响。尽管潮汐传播能用简单的解析式表达并精确模拟，但通常很难解释从大潮转小潮期间或从洪水期到枯水期时的咸潮入侵观测值变化。

用侧向平均质量守恒方程表示如下（Oey，1984 年）：

$$\frac{\partial C}{\partial t} + U \frac{\partial C}{\partial X} + W \frac{\partial C}{\partial Z} = \frac{1}{DB} \left[\frac{\partial}{\partial X} \left(DBK_x \frac{\partial C}{\partial X} \right) + D \frac{\partial}{\partial Z} \left(BK_z \frac{\partial C}{\partial Z} \right) \right] \tag{4.1}$$

式中：C 为浓度；U 和 W 分别为 X 轴和垂向 Z 轴的速率；D 为水深；B 为宽度；K_x 和 K_z 为涡流扩散系数。Lewis（1997 年）详细说明了式（4.1）中对流项和扩散项如何相互作用促进河口区混合。

盐的扩散包括潮流和盐度分布在相位、振幅和均值等相互作用的变化。这些变化对密度分层十分敏感，而密度分层时空（轴向和横向）变化显著，具体包括：

（1）潮汐循环，洪峰或（和）落潮时由于底部摩擦作用或平潮时由于内部摩擦均可能出现显著垂向混合（Linden 和 Simpson，1988 年）；

（2）小潮-大潮循环，大潮期比小潮期更易发生混合；

（3）水文循环，河口口门区的河川径流量和海水盐度均会发生变化（Godin，1985 年）；

（4）风暴事件，包括风暴潮（内部或外部产生）（Wang 和 Elliott，1978 年）和表面波混合（Olson，1986 年）；

（5）其他参数引起的水密度变化，尤其是气温（附录4A）和悬浮泥沙通量（第 5 章）。

本章未考虑气温对密度的影响。附录中描述了气温变化的季节周期，其中，气温是水深、纬度的函数。Nunes 和 Lennon（1986 年）推翻了咸潮入侵的常规模式，指出在低纬度地区的强蒸发导致河口区顶部产生最大盐度。

4.1.1 分类体系

Pritchard（1955 年）提出了河口混合的分类体系。A 类为高度分层河口，式（4.1）等号右边的扩散项可忽略。B 类为"部分混合河口"，其垂向扩散尤为重要。C 类为宽阔型河口和 D 类为狭窄型河口，都是充分混合型河口（fully mixed estuaries），其密度分布

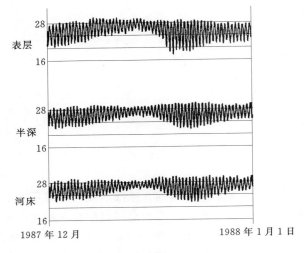

图 4.1　默西海峡（Mersey Narrows）大小潮循环中
的观测盐度变化

注　水深 15m 处的表层、半深以及河床，单位，‰。

$\partial C/\partial Z\sim 0$，因此只考虑纵向扩散，这与后面均匀混合河口（well - mixed estuaries）的概念不同，例如在 4.4 节中提到的潮汐张力的作用。

虽然 Pritchard 的分类体系已对河口混合类型进行了有用的定性描述，但很多河口地区的分层程度时空变化显著。图 4.1 为默西河河口区（Mersey Estuary）同一位置、三个不同深度、小潮到大潮的盐度变化时间序列。图 4.2（Liu 等，2008 年）研究表明：淡水河（Danshuei River）的轴向盐度分布如何随着径流量的变化而变化。

Hansen 和 Rattray（1966 年）的盐度分层图（图 4.3）已经用来对河口

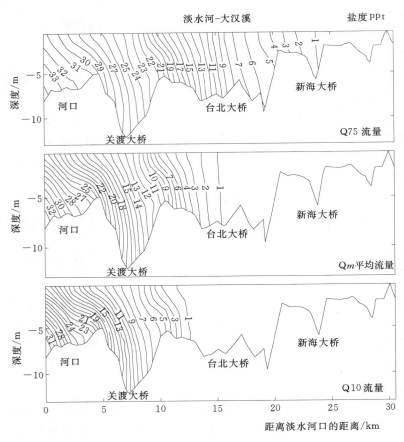

图 4.2　台湾淡水河的轴向盐度变化（Q75，保证率 75% 的流量；Q10，保证率 10% 的流量）

区混合性质和盐度分层的变化条件敏感性进行了分类。该图基于以下两个参数：①$\delta s/s$，即河床与表层盐度差除以平均深度盐度（一个潮汐循环的平均值）；②$U_s/\overline{U}$，即表层余流除以平均深度值。四种类型的河口又可根据$\delta s/s$值分为两个子类：其值小于0.1为混合型；大于0.1为分层型。对于类型1河口，任何深度的余流方向都是向海的，因此盐度的混合完全靠扩散作用。对于类型2河口，余流的方向随水深的不同而变化，其盐度混合靠对流和扩散共同作用。对于类型3河口，余流的垂向结构变化十分明显，因此对流作用对盐度混合的影响超过了99%；其中类型3分层型河口，其盐度混合仅发生在近水面区域。类型4河口的盐度分层作用最大，几乎形成一个盐水楔。根据咸潮入侵与盐度混合的"单点"数值模拟结果绘制图4.11，突出了类型4河口区的重力环流作用。

Prandle（1985年）提出了如何将$U_s/\overline{U}$替换为S/F，即根据易获参数对河口分类进行较为直接的评估，其中S/F值是残余加速度（与水平密度梯度有关）和河床摩擦力（如4.42节定义）的比值。当$S/F>24$或$\dfrac{U_s}{\overline{U}}>2$时，类型1河口和类型2河口的分界线可以通过回流解释（表4.1）。

表4.1　余流表层梯度和表-底层潮流成分

	表层梯度	表层速率	河床速率
径流量 $Q=U_0D$	$-0.89F$	$1.14U_0$	$0.70U_0$
净流量为0时的风压力 τ_w	$1.15W$	$0.31(W/F)U_0$	$-0.12(W/F)U_0$
混合密度梯度	$-0.46S$	$0.036(S/F)U_0$	$-0.029(S/F)U_0$
分层"楔"低层水深 dH	$-1.56F/(1-d)^2$	$1.26U_0/(1-d)$	$-0.18U_0/(1-d)$

注　1. U_0为径流，式（4.11）和式（4.12）；W为风压力，式（4.37）和式（4.38）；S为混合盐度，式（4.15）和式（4.16）；分层盐度，式（4.31）、式（4.32）和式（4.35）。W、S和摩擦参数F如式（4.42）所示。
　　2. 来源：Prandle，1985年。

4.1.2　河口混合

根据Dyer和New（1986年），理查逊数（Richardson number）定义为

$$R_i=\frac{\dfrac{g}{\rho}\dfrac{\partial \rho}{\partial Z}}{\left(\dfrac{\partial U}{\partial Z}\right)^2} \tag{4.2}$$

用来表示浮力与垂向湍流力的比值，决定了河口混合的性质。当湍流动力足以克服密度分层、$R_i<0.25$时出现垂向混合。要判断河口可能是混合型还是分层型，需要分析哪些潮流切力部分占优势（潮汐、径流或者间接产生的盐度梯度部分）哪个占优势。Linder和Simpson（1988年）以及Simpson等（1990年）强调：分层不能简单地与式（4.2）中的"总体"参数相关联。R_i值随着河口位置的改变、落潮涨潮以及大潮小潮循环有显著不同。对于绝大多数河口，在特定的时间和位置都会出现初级分层。4.5节旨在确定可能会支持、从而加强分层的条件，表明为何把径流与潮流的比值U_0/U^*作为界定分层的最清晰指标。

潮汐对流作用可以携带液柱偏离其平均位置数千米远。一个半日潮循环中，总的上、

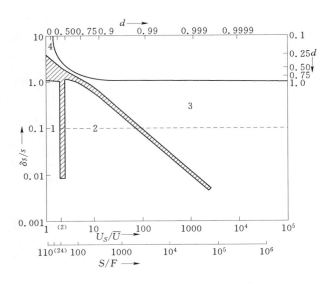

图 4.3 Hansen 和 Rattray 分层表（1966 年）（1985 年 Prandle 修订）

注 $\delta s/s$ 为河床与表层间的分数阶微分，$U_S/\overline{U}$ 为表层余流速率与平均深度值
的比值，S/F 为盐度与河床摩擦的比值，d 为河床以上的高度。

下游移动距离约为 $14U^*$ km（U^* 为潮流振幅，单位 m/s）。因此，特定位置的分层反映了大范围内各个过程在轴向和横向上的过程综合。Abraham（1988 年）提出，水深$\partial/\partial Z[U(\partial\rho/\partial X)]$的差异对流对分层的确定至关重要。"潮汐应力"如 4.4 节所示，即涨潮时期的较大规模表层潮流会携带足够多的较大密度海水上溯并混合，此时表层密度要比河床密度高。相反地，在退潮时，表层水流以下泄为主，使得稳定性得以增强并促进了盐度分层。然而，在高度分层河口区，由于底层摩擦引起的潮流剪切作用以及斜压力使混合作用增强，退潮时期的垂向混合作用达到了峰值（Geyer 和 Smith，1987 年）。

除了潮汐对流作用，观测到的分层现象也受其他地方产生的潜波的传播作用影响（New 等，1987 年）。如 Abraham（1988 年）所述，与外部（潮汐河床摩擦）和内部过程有关的混合过程存在差别，后者对鹿特丹水道（Rotterdam Waterway）（憩流时期前后）的咸水入侵尤为重要。

4.1.3 目前的方法

目前研究侧重解析解的确定，为解释和量化控制过程并由此为分析模型研究结果提供理论体系。研究重点区域为混合型及部分混合型河口，通常假设相关轴向密度梯度为常数，即 $S_x=(1/\rho)(\partial\rho/X)$，其密度与盐度呈线性比例关系。该方法沿用了早期线性平均的理论结果［Officer（1976 年）、Bowden（1981 年）和 Prandle（1985 年）］。

4.2 节分析了与咸潮入侵（包括盐水楔）、径流以及风应力有关的余流垂向结构，并确定了盐度垂直剖面，该剖面符合咸潮入侵的潮流结构。

4.3 节则分析了预测咸潮入侵距离的观测方法和理论方法，包括：①水槽研究；②咸水入侵极点的平衡，上游余流速率与下泄流量为 U_0 时的 S_x 值有关；③分层盐水楔的理论推导。通过计算与垂向扩散有关的混合作用与径流入流量的比值，可以进一步预测咸潮入侵距离。这类研究大部分适用于等宽、等深的河道。此外，由于河口的漏斗效应，该节表明如何引入较高"自由度"确定入侵的轴向位置、从而确定咸潮入侵距离，这可能会引发一些普遍存在的问题，难以解释大小潮、涨落潮周期中咸潮入侵的变化。而与轴向位移相关的滞后使咸水入侵的预测更加复杂。

4.4 节中，潮汐线性平均理论也被用至潮汐应力以及相关的对流运动研究中，本节通过与"单点"数学模型对比从而评价其适用性，模型中，平均深度潮流振幅 U^* 和盐度梯度常量 S_X（时间和垂向上均为常数）均有明确指定。该模型强调对流运动对消解潮汐张力带来的不稳定密度结构的重要性。将一系列咸潮入侵距离值 L_1 和水深值 D 输入模型并运行，从而分析河口响应的一般特征。

4.5 节采用以上结果，进一步确定哪些指标能够最好地表征河口的分层水平。

4.2　潮流结构：径流、混合和分层咸潮入侵

本节主要分析余流剖面，分别与以下四者相关：①径流；②充分混合情况下的纵向密度梯度 $\partial \rho / \partial Z$；③存在密度差且界面不存在垂向混合的楔形咸潮入侵；④表面风力 τ_w。

假定：上述不同的运动过程可以分别用线性方程表示，由此通过简单相加描述整个过程。须满足以下两个条件，该假定才有效：①河床摩擦项的残余成分必须有效线性化；②潮位与平均水深的比值要足够小。多数潮优型河口满足条件①，条件②通常只是用来证明浅水中潮和强潮型河口。

要获得有用的定量结果，需要以下两个基本假设：①河床摩擦系数值为 $f = 0.0025$；②假设涡黏系数 E 为常量（Prandle，1982 年）

$$E = fU^* H \tag{4.3}$$

式中：U^* 为平均深度潮流振幅；H 为总水深。

忽略对流项，在河床以上某一点 Z 处的轴向动量方程为式（3.6）：

$$\frac{\partial U}{\partial t} + g\frac{\partial \varsigma}{\partial X} + g(\varsigma - Z)\frac{1}{\rho}\frac{\partial \rho}{\partial X} = \frac{\partial}{\partial Z}E\frac{\partial U}{\partial Z} \tag{4.4}$$

式中：ς 为表面高程；$\partial \rho / \partial X$ 为密度梯度（这里假设其在时间上和垂向上均为常量）。

4.2.1　径流 Q 的潮流结构

对于轴向稳定流（向下游为正），忽略密度梯度，方程式（4.4）则简化为

$$g\frac{\mathrm{d}\varsigma}{\mathrm{d}X} = gi_Q = E\frac{\partial^2 U}{\partial Z^2} \tag{4.5}$$

式中：i_Q 为与 Q 有关的余流高程梯度。对方程式（4.5）中的 Z（潮流剖面）进行两次积分，可得到潮流项为

$$U_Q = g\frac{i_Q}{E}\left(\frac{Z^2}{2} - HZ - \frac{EH}{\beta}\right) \tag{4.6}$$

其中，积分常数通过以下两个边界条件确定：

表层压力

$$\tau_{Z=H} = \rho E\frac{\partial U}{\partial Z} = 0 \tag{4.7}$$

河床压力 $\qquad\qquad\qquad\tau_{Z=0}=\rho E\dfrac{\partial U}{\partial Z}=\rho\beta U_{Z=0}$ (4.8)

$U^{*}\gg U_Q$ 时，条件式（4.8）适用；且这种情况下 Bowden（1953 年）发现。

最后，引入平均深度速率为 $\overline{U}_Q=\dfrac{Q}{H}=\dfrac{1}{H}\displaystyle\int_0^H U\mathrm{d}Z$，由方程式（4.6）得

$$i_Q=\frac{\overline{U}_Q}{g\left(\dfrac{H^2}{3E}+\dfrac{H}{\beta}\right)}$$ (4.9)

和

$$U_Q=\overline{U}_Q\frac{\left\{-\dfrac{z^2}{2}+z+\dfrac{E}{\beta H}\right\}}{\dfrac{1}{3}+\dfrac{E}{\beta H}}$$ (4.10)

其中 $\qquad\qquad\qquad\qquad z=Z/H$

将方程代入式（4.3）、式（4.9）和式（4.10），可简化为

$$i_Q=-0.89\frac{f\,\overline{U}U^{*}}{gH}$$ (4.11)

和

$$U_Q=0.89\overline{U}_Q\left(\frac{-z^2}{2}+z+\frac{\pi}{4}\right)$$ (4.12)

径流量的余流剖面如图 4.4（a）所示（Prandle，1985 年）。

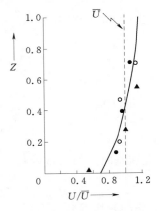 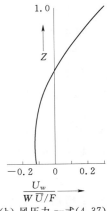 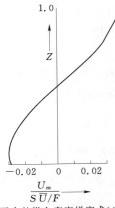

（a）淡水流量 Q 式(4.12)，坐标点代表　　（b）风压力 τ_W 式(4.37)　　（c）充分混合的纵向密度梯式(4.15)
三个位置的观测值

图 4.4　径流、风以及密度梯度驱动下的余流垂向结构
注　W、F 和 S 如式（4.42）定义。

4.2.2　充分混合条件下水平密度梯度的潮流结构

再次忽略惯性项，然后增加充分混合条件下的纵向浓度梯度项 $\partial\rho/\partial x$，则式（4.4）
中的稳态形式转化为

$$U=g\frac{\mathrm{d}\varsigma}{\mathrm{d}X}\frac{H^2}{E}\left(\frac{z^2}{2}-z-\frac{E}{H\beta}\right)+\frac{g}{\rho}\frac{\partial\rho}{\partial X}\frac{H^3}{E}\left(-\frac{z^3}{6}+\frac{z^2}{2}-\frac{z}{2}-\frac{E}{2H\beta}\right)$$ (4.13)

为消除密度梯度的影响，参数增加了下标 M，并定义

$$\frac{\mathrm{d}\varsigma}{\mathrm{d}X}=i_Q+i_M \qquad (4.14)$$

接着用方程式（4.13）减去式（4.10）中的 U_Q，应用 $\overline{U}_M=0$ 条件，则由涡黏公式（4.3）可得"混合型"咸水入侵的余流速率结构：

$$U_M=\frac{g}{\rho}\frac{\partial\rho}{\partial X}\frac{H^2}{fUU^*}\left(-\frac{z^3}{6}+0.269z^2-0.037z-0.029\right) \qquad (4.15)$$

和

$$i_M=-0.46\frac{H}{\rho}\frac{\partial\rho}{\partial X} \qquad (4.16)$$

式（4.15）的潮流剖面如图 4.4（c）所示。咸潮入侵长度内的平均海平面净上升值约为 $0.013H$。

4.2.3 双层密度情势下的潮流结构

用图 4.5 中的符号，可将高度 Z 处的压力表示为

上层 $Z\geqslant D$ $\qquad\qquad\qquad p=\rho g(\varsigma-Z)$ $\qquad\qquad\qquad$ (4.17)

底层 $Z<D$ $\qquad\qquad p=\rho g(\varsigma-D)+(\rho+\Delta\rho)g(D-Z)$ $\qquad$ (4.18)

除了前面提及的边界条件式（4.7）和式（4.8），要求界面处（下标为 I）速率和压力的连续性；因此在 $Z=D$ 处有：

$$U_I=U_B=U_T \qquad (4.19)$$

和

$$\rho E_T\frac{\partial U_T}{\partial Z}=(\rho+\Delta\rho)E_B\frac{\partial U_B}{\partial Z} \qquad (4.20)$$

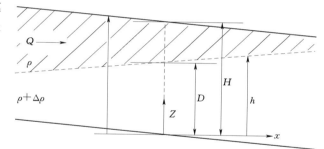

图 4.5 分层盐水楔的符号

其中，下标 T 和 B 分别表示顶层和底层的值。

进一步假设：

（a）质量计算时，不考虑浮力效应；

（b）底层的净流量为零，顶层的净流量为 Q；

（c）对方程式（4.3）进行转化，可得底层流的涡黏系数为

$$E_B=fU^*dH \qquad (4.21)$$

其中 $\qquad\qquad\qquad\qquad\qquad d=D/H$

（d）顶层流的涡黏系数为

$$E_T=\gamma E_B \qquad (4.22)$$

如前面章节，可以得到：

$$U_T=-\frac{Q\varepsilon}{Hd}\left[\frac{1}{\gamma}\left(\frac{z^2}{2}-z+d-\frac{d^2}{2}\right)-0.308d(1-d)\right] \qquad (4.23)$$

$$U_B=-\frac{Q\varepsilon}{H}\frac{(1-d)}{d^2}\left(-0.574z^2+0.149zd+0.117d^2\right) \qquad (4.24)$$

$$i_s = \frac{\mathrm{d}\varsigma}{\mathrm{d}X} = -\frac{Q\varepsilon fU^*}{gH^2} \tag{4.25}$$

其中

$$\varepsilon = \frac{d}{(1-d)^2 \left[\frac{1}{3\gamma}(1-d) + 0.308d\right]} \tag{4.26}$$

$$a = 0.149 - 1.149d^{-1} \tag{4.27}$$

和

$$a = \frac{\frac{\Delta\rho}{\rho}\frac{\mathrm{d}h}{\mathrm{d}X}}{\frac{\mathrm{d}\varsigma}{\mathrm{d}X}} \tag{4.28}$$

根据式（4.27）和式（4.28），交界面的坡度 $\mathrm{d}h/\mathrm{d}X$ 总是大于水面坡度与密度差的乘积（$\Delta\rho/\rho$ $\mathrm{d}\varsigma/\mathrm{d}X$），并且正负相反。只有 $d=1$ 时，两者是同等量级。

很难确定 γ 的通用公式。Prandle（1985 年）针对不同的潮流观测剖面分析了多种可能性，提出暂时以下式计算：

$$\gamma = \frac{1-d}{d} \tag{4.29}$$

通过再简化，可以得到：

$$E_T = fU^*(H-D) \tag{4.30}$$

$$i_S = \frac{-1.56}{(1-d)^2}\frac{QfU^*}{gH^2} \tag{4.31}$$

$$U_T = -1.56\frac{Q}{H}\frac{1}{(1-d)^3}\left(\frac{z^2}{2} - z - 0.808d^2 + 1.616d - 0.308\right) \tag{4.32}$$

$$U_B = -1.56\frac{Q}{H}\frac{1}{d^2(1-d)}(-0.574z^2 + 0.149zd + 0.117d^2) \tag{4.33}$$

4.2.4 表层恒定风力 τ_w 时的潮流结构

对于净流量 Q，当 $\overline{U}_M = 0$ 时，表层边界条件为

$$\tau_w = \rho E\frac{\partial U}{\partial Z} \tag{4.34}$$

式中：τ_w 为施加的风压力；下标 W 表示风力驱动成分。

由此可得

$$U_w = \frac{\tau_w H}{\rho E}\frac{\left[\frac{z^2}{2}\left(\frac{1}{2} + \frac{E}{\beta H}\right) - \frac{z}{6} - \frac{1}{6}\frac{E}{\beta H}\right]}{\left(\frac{1}{3} + \frac{E}{\beta H}\right)} \tag{4.35}$$

和

$$i_w = \frac{\tau_w}{\rho g H}\frac{\left(0.5 + \frac{E}{\beta H}\right)}{\frac{1}{3} + \frac{E}{\beta H}} \tag{4.36}$$

代入方程式（4.3），可得

$$U_w = \frac{\tau_w}{\rho f U^*}(0.574z^2 - 0.149z - 0.117) \tag{4.37}$$

和

$$i_w = \frac{1.15\tau_w}{\rho g H} \tag{4.38}$$

式中，方程式（4.38）中的系数 1.15 介于无滑移河床条件下的 1.5 和充分滑动条件下的 1.0 之间（Rossiter，1954 年）。式（4.37）的潮流剖面如图 4.4（b）所示。

4.2.5　垂向盐度结构的时间平均值（混合型）

尺度分析可用于证明忽略方程（4.1）中一项是合理的，观测结果表明垂向扩散项的主导作用。因此，假设 $\partial C/\partial X = S_X$，忽略时变项，$K_z$ 为常数时，盐度结构如下所示：

$$s(Z) = \iint \rho U_M \frac{S_X}{K_z} \mathrm{d}Z \mathrm{d}Z \tag{4.39}$$

即根据式（4.15），盐度的垂向变化可定义为，则

$$s' = \rho \frac{g S_X^2}{E_z K_z} \frac{D^5}{10000}(-83z^5 + 224z^4 - 62z^3 - 146z^2 + 33) \tag{4.40}$$

时间平均盐度剖面如图 4.8 所示。

4.2.6　小结

图 4.4 表示方程式（4.12）、式（4.15）和式（4.37）的余流剖面，分别与径流、混合咸潮入侵和风力有关。表 4.1 对上述结果进行了简要总结，表示水面与河床的对应值以及相关的表面高程梯度。

为说明余流组分的大小，引入了稳态余流的平均深度动量方程：

$$\frac{\partial \varsigma}{\partial X} + \frac{H}{2\rho}\frac{\partial \rho}{\partial X} - \frac{\tau_w}{\rho g H} + \frac{4}{\pi}\frac{f U^* U_0}{g H} = 0 \tag{4.41}$$

和无量纲参数：

$$S = H\frac{\partial \rho}{\rho \partial X}, W = \frac{\tau_w}{\rho g H}, F = \frac{f U^* U_0}{g H} \tag{4.42}$$

由方程式（4.41）可得与密度、风力和河床摩擦有关的动力项的比值为：

$$\frac{S}{2} : W : \frac{4}{\pi}F \tag{4.43}$$

从表 4.1 可以看出，密度驱动项 $S/2$ 与表面梯度相抵，则剩余组分使得表层余流循环以 $0.036 S U_0/F$ 的速率向海输移、底层余流循环以 $-0.029 S U_0/F$ 的速率向陆输移。同样的，风力项 W 被表层梯度 $1.15W$ 抵消，则"多余"的驱动力使得表层余流循环以 $0.31 W U_0/F$ 的速率向海输移，底层余流循环以 $-0.12 W U_0/F$ 的速率向陆输移。很明显，比起纵向密度梯度的作用，风力驱动在余流循环中发挥了更大作用，并且这两个驱动因素对潮位的影响均远大于对潮流的影响。

4.3　咸潮入侵距离

4.3.1　试验推导

Rigter（1973 年）为研究咸潮入侵距离，在实验水槽和鹿特丹水道（Rotterdam Waterway）进行了大量实验。实验水槽具有恒定的水深和宽度。实验分析结果表明，咸潮入侵距离可用下式表示（Prandle，1985 年）：

$$L_I = \frac{0.18g(\Delta\rho/\rho)D^2}{f'U^*U_0} = \frac{0.005D^2}{fU^*U_0} \tag{4.44}$$

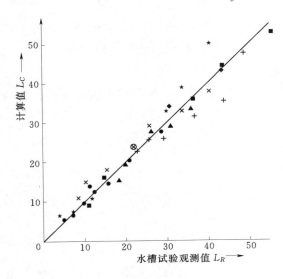

图 4.6　咸潮入侵距离的计算值与观测值对比
⊗—参考试验，随以下参数变化；×—潮汐振幅；
◆—密度差；▲—河床摩擦；★—径流量；
■—水深；+—渠道长度

其中，后面的表达形式适用于真正河口区（$\Delta\rho/\rho = 0.027$）。Prandle（2004 年）研究表明：要保持水槽研究中的较大雷诺数（Reynolds numbers）、呈湍流状态，摩擦因子的放大比例必须与垂向比尺放大相同，即 $f' = 10f$。

在一系列潮幅、密度差、河床摩擦系数、径流量、水深和水槽长度条件下，通过对比水槽试验的 L_1 观测值和式（4.44）的计算值，结果如图 4.6 所示（Prandle，1985 年）。两者相关系数为 $R = 0.97$，具有高度一致性，表明式（4.44）在一系列参数灵敏度检验中均具鲁棒性。

4.3.2　根据速率组分的推导结论

假设咸潮入侵的极限位置就是以下两个条件达到平衡处：①充分混合条件下盐度梯度相关的向上游速率；②向下游的速率。如表 4.1 所示，须满足以下条件：

$$0.029 \frac{gD^2 S_X}{fU^*} = 0.7U_0 \tag{4.45}$$

即

$$L_I = \frac{0.011D^2}{fU^*U_0} \tag{4.46}$$

其中

$$S_X = 0.027/L_I$$

4.3.3　分层"盐水楔"的入侵距离

结合交界面的坡度，Prandle（1985 年）推导出以下公式，计算一个分层盐水楔的入侵距离：

$$L_I = 0.26 \frac{gD^2}{fU^*U_0} \frac{\Delta\rho}{\rho} = \frac{0.07D^2}{fU^*U_0} \tag{4.47}$$

其中
$$\Delta\rho/\rho = 0.027$$

以上结果可与 Keulegan（Ippen，1966 年）提出的准稳定盐水楔（arrested saline wedge）长度作比较：

$$L_A = A \frac{g^{5/4}D^{9/4}}{U_0^{5/2}} \left(\frac{\Delta\rho}{\rho}\right)^{5/4} \tag{4.48}$$

式中，参数 A 随河流条件变化而变化。Keulegan 公式是根据观测数据推导的，与式（4.47）一致，从而对当前的理论结果提供了更有力的支持。

Officer（1976 年）提出了计算盐水楔长度的备选推导公式，其结果明显地基于特定的动力假设。

4.3.4　咸潮入侵距离的均值 L_I

上述式（4.44）、式（4.46）和式（4.47）均为 L_I 的相同表达式，但分别用了不同的系数 0.005、0.011 和 0.07。为协调这些系数，需要注意：要实现式（4.46）中海底速率分量的平衡，必须严格使用盐水楔顶端处的 D 和 U 值，这样可以使系数适当减小。同样的，比起混合型河口，分层型河口处的咸潮入侵距离更远。因此，以下均采用式（4.44）计算。

下面将密度结构式（4.54）有关的混合速率与径流式（4.57）抵消，推导出式（4.59），其咸潮入侵距离的估算值 L_I 接近式（4.44）的计算结果。

观测值与计算值对比。评价式（4.4）有效性的主要难点在于缺乏精确的观测数据。上述估计法的实际应用因为各种不同的响应时间而变得非常复杂。其响应时间从几分钟（湍流）到数个小时［有效垂向混合，详见式（4.5）］再到数日［河口冲刷，方程式（4.60）］。本节内容利用 Prandle（1981 年）提供的六个河口区的观测数据（8 个数据集），见表 4.2。这些数据集可以用来估算咸潮入侵距离 L_I、径流量 Q 和河口测深。咸潮入侵中心处的 D 和 U_0 估计值从幂级数近似值到宽度（x^n）和水深（x^m）。同步河口的 U^* 值通过式（6.9）估计得到。

表 4.2　　　　　　　　　河　口　参　数

	n	m	L/km	L_I/km	D/m	B/km	Q/(m³/s)	ς^*/m
（A）Hudson	0.7	0.4	248	99	11.6	3.7	99	0.8
（B）Potomac	1.0	0.4	184	74	8.4	18	112	0.7
（C）Delaware	2.2	0.3	214	43	4.4	28	300	0.6
（D）Bristol Ch.	1.7	1.2	138	55	29.3	20	80	4.0
（E）Bristol Ch.				138			8500	4.0
（F）Thames	2.2	0.7	95	76	12.6	7	480	2.0
（G）Thames				38			19	2.0
（H）St. Lawrence	1.5	1.9	48	167	74	48	210	1.5

注　L 为河口区长度；L_I 为咸潮入侵距离观测值；n、m 分别表征湾宽和水深的变化（x^n，x^m）；Q 为径流量；D 为水深；B 为湾宽；ς^* 为河口口门处的潮幅。

基于表 4.2 所列河口中连续位置的 U_0、U^* 和 D 值，通过式（4.44）来估算咸潮入侵距离 L_I，如图 4.7（Prandle，2004 年）所示。表 4.3 表明 X_c 点的 U_0、U^* 和 D 值，且 X_c 点的式（4.44）估算值等于观测值 L_0。如表 4.3 所示，X_c 点的值与 X_0 的相关观测值基本一致。除了圣劳伦斯河（St. Lawrence）$U_0 = 1.4\text{cm}^{-1}$ 以外，其余河口的 U_0 值均介于 0.17～0.57cm 之间。

表 4.3　　　　　　　　　　　咸潮入侵的河口参数观测值和计算值

	X_0	X_c	$U_0/(\text{cm/s})$	$U^*/(\text{m/s})$	D/m
（A）哈德逊河	0.80	0.70	0.35	0.59	9.7
（B）波多马克河	0.60	0.50	0.20	0.54	6.3
（C）特拉华州	0.80	1.0	0.29	0.47	4.4
（D）布里斯托尔海峡	0.30	0.40	0.22	1.53	9.5
（E）布里斯托尔海峡	0.55	0.65	0.28	1.70	17.3
（F）泰晤士河	0.60	0.55	0.17	1.01	8.0
（G）泰晤士河	0.75	0.50	0.57	1.06	10.2
（H）圣劳伦斯河	0.60	0.65	1.4	0.80	30.0

注　1. X_0（L 的一部分）为观测咸潮入侵的中心，X_c 为当 $L_I = L_0$ 时的咸潮入侵中心位置；D，$U_0 = Q/\text{area}$，U^* 分别代表 X_c 处的水深、余流和潮流速率。
　　2. 来源：Prandle，2004 年。

4.3.5　咸潮入侵的轴向位置

　　图 4.7 也呈现了 X_c 的连续值对应的咸潮入侵陆向临界位置：$X_u = (X_c - L_I/2)/L$。除了哈德逊河（Hudson）和德拉瓦河（Delaware）河口，其余河口 X_c 位置与 X_u 的最大值一致或稍微向海偏移，即咸潮入侵陆向临界位置达到最小。X_c 处观测值和计算值是相等的。

　　用后面的结论作为判断咸潮入侵中心位置的标准，这里引入无量纲项 $x = X/L$，那么

$$\frac{\partial}{\partial x}(x - 0.5l_i) = 0 \tag{4.49}$$

其中

$$l_i = L_I/L$$

　　与潮位振幅有关的潮流振幅条件下，用式（4.44）计算，并代入浅水近似式（6.9），则：

$$U^{*2} = \frac{\varsigma^* \omega (2gD)^{1/2}}{1.33f} \tag{4.50}$$

进一步假设 $Q = U_0 D_i^2/\tan\alpha$，其中 $\tan\alpha$ 是三角形横断面的斜率，由此可得：

$$x_i^2 = \frac{333Q\tan\alpha}{D_0^{5/2}} \tag{4.51}$$

再引入第 6 章中同步河口的结论：水深和湾宽随 $x^{0.8}$ 值的变化而变化，则 x_i 处水深 $D_i = D_0 x_i^{0.8}$，咸潮入侵中心位置的余流速率为：

$$U_0 = \frac{D_i^{1/2}}{333} \tag{4.52}$$

因此，当 $D = 4\text{m}$ 时，$U_0 = 0.006\text{m/s}$；当 $D = 16\text{m}$ 时，$U_0 = 16\text{m/s}$。

　　注意以下内容：式（4.51）与 $l_i = 2/3 x_i$ 对应，上游边界的 U_0 值将增大 2 倍，而下游边界的 U_0 值将减小 40%。此外，还要注意：由于 U_0 值肯定存在测量误差，与咸潮入侵区域径流有关的余流流速的估计值与表 4.3 中的观测值基本一致。

　　联立方程式（4.49）～式（4.51），并代入河口宽度 $B_0 x^n$ 和水深 $D_0 x^m$，那么可以用

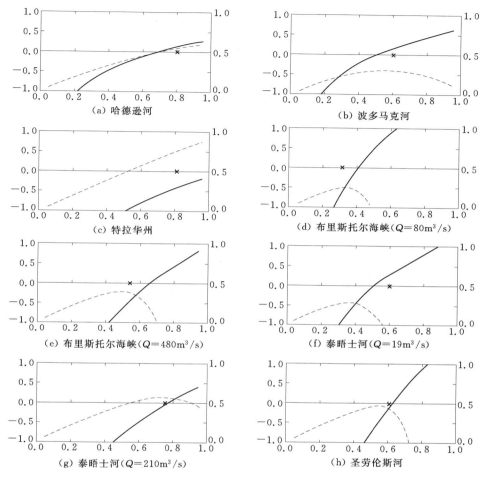

图 4.7　不同位置 X_c 处咸潮入侵距离计算值 L_c 和观测值 L_0 的比值

注　横轴为 X_c/L；X 点值代表观测咸潮入侵的中心位置。纵轴为 (LHS)$\log_{10} L_C/L_0$；实线
代表咸潮入侵的向陆边界；虚线为 $X_u = (X_c - L_1/2)/L$；L_c 由式（4.44）求得。

以下表达式代替方程式（4.51）：

$$x_i = \left(\frac{855Q}{D_0^{3/2} B_0 (11m/4) + n - 1} \right)^{1/(11m/4)+n-1} \tag{4.53}$$

对于咸潮入侵的轴向位置［式（4.51）和式（4.53）］和余流式（4.52），该结果最显著的特征是潮幅和河床摩擦系数的独立性（尽管潮幅仅适用于部分混合河口）。式（4.51）和式（4.53）突出了咸潮入侵的中心位置随着径流量而调整。"轴向偏移"使得咸潮入侵的敏感性更加复杂化，大大偏离式（4.4）式计算的咸潮入侵距离 L_1 值。

4.4　潮汐张力和对流倾覆

以上研究包括与盐度和流速垂向结构相关的潮汐平均线性化理论，接下来将通过数值模拟，将潮汐张力与相关的对流倾覆结合在一起。

4.4.1　混合率

在进行模型研究的描述之前，先测定与以下三者相关的混合率：①密度结构时均值；②潮汐张力；③淡水流速。

由式（4.1）可得，与密度结构时均值式（4.40）有关的混合率 M_K（Simpson 等，1990 年）为

$$M_K = \rho \int_0^D \left| \frac{\partial}{\partial Z} K_z \frac{\partial s}{\partial Z} \right| \mathrm{d}Z = 0.02 \rho g \frac{S_x^2 D^4}{E} \tag{4.54}$$

在洪水期间，抵消潮汐张力的平均倾覆混合率 M_0 为

$$M_0 = \rho \frac{2}{\pi} U^* S_x D \int_0^1 (0.7 + 0.9z - 0.45z^2 - 1)\mathrm{d}z \tag{4.55}$$

$$= 0.12 \rho S_x D U^* \tag{4.56}$$

式中，潮流垂直结构的近似值与 Bowden 和 Fairbairn（1952 年）的研究近似。Nunes Vaz 和 Simpson（1994 年）还对与风、表层热交换及蒸腾作用有关的垂向混合开展了进一步研究。

盐度分布稳定情况下，平衡淡水流速 U_0 的混合率为

$$M_Q = \rho U_0 S_x D \tag{4.57}$$

要平衡 M_Q 值，则 U_0 值为：

受涨潮时潮汐张力影响时 $\qquad U_0 = 0.12 U^*$ （4.58）

受垂向盐度差影响时 $\qquad U_0 = 0.02 g S_x D^3 / E$ （4.59）

当 $U^* = 0.5\mathrm{m/s}$ 时，假设在退潮期间没有混合作用，由方程式（4.58）可得 $U_0 = 0.5\mathrm{m/s}$。一般情况下，该值比式（4.59）求得的垂向盐度差影响下的值要大，因此，在涨停时期，垂向盐度差的作用通常被潮汐张力作用消除，如图 4.10 所示。式（4.59）与式（4.44）对咸潮入侵距离的表达方式几乎相同。

对棱柱形水渠，河口的冲刷时间 T_F 可用河川径流替换咸潮入侵区域内一半淡水所需的时间来近似表示，即

$$T_F = \frac{0.5(L_I/2)}{U_0} \tag{4.60}$$

当 T_F 值介于 2～10d、且咸潮入侵距离值介于 12.5～100km 时，U_0 值则在 1.5～3cm/s 间变化，如图 4.11 和图 4.12 所示。

4.4.2　模拟方法（Prandle，2004 年）

通过参照"单点"数值模型来评估潮汐张力的影响，该模型垂向潮流振幅 U^* 的时变周期和恒定盐度梯度 S_x 相关（Prandle，2004 年）。该模型体现了对流倾覆对潮汐张力引起的不稳定密度结构的消除作用。Rippeth 等（2001 年）已通过测量数据的模拟对该模型的有效性进行了检验。

为研究河口响应的普遍性，将一系列咸潮入侵距离 L_I 和水深 D 值输入模型中运行，并且针对潮幅 U^* 和河床摩擦系数 f 的变化进行了敏感性分析。该模型用于计算以下参数：余流速率 δ_u 和盐度 δ_s 的表层-底层差值、势能异常 Φ_M ［式（4.65）］、倾覆扩散混合率、混合效率 ε 以及（平衡混合率）的径流量 U_0。由此，在各种不同河口条件下，模型模拟研究反映出潮汐张力的影响以及在解析式中省略该项的重要意义。

4.4.3 模型组成

一般假定涡流黏滞系数和扩散系数在垂向上和时间上均为定值，而 Munk 和 Anderson（1948 年）的研究表明这两个系数与浮力调解有关，可用以下解析式表示：

涡流黏滞系数 $\qquad E_z = fU^* D(1+10R_i)^{-1/2}$ (4.61)

涡流扩散系数 $\qquad K_z = fU^* D/S_c(1+3.33R_i)^{-3/2}$ (4.62)

其中，理查逊数（Richardson number）R_i 由式（4.2）中给出；施密特数（Schmidt number）S_c 定义为黏滞系数与扩散系数的比值 $E_z : K_z$。Nunes Vaz 和 Simpson（1994 年）对很多模型组成进行了分析。

"单点"数值模型用于解答式（4.1）和式（4.4）。该模型受以下参数的影响——平均深度半日潮潮流振幅 U^* 和（时间与垂向上恒定的）盐度梯度 S_x。针对少量潮汐周期运行模型，达到循环收敛。

边界条件：表面压力为 0；河床压力为

$$\tau_z = \rho fU_z = 0$$ (4.63)

该模型包括了对流倾覆，其密度随着水深的增大而减小。

分别开展了三次模拟，用于比较 E 和 K_z 的浮力调节作用［由式（4.61）和（4.62）］及对流倾覆的影响。第一次模拟过程中 $E = fU^* D$ 以及 $K_z = S_c E$ 为常数；第二次模拟根据式（4.61）和式（4.62）取值；第三次模拟除了式（4.61）和式（4.62）取值，还引入了对流倾覆参数。前两次的模拟结果差异不大，只有出现显著分层时例外，此时式（4.1）和式（4.4）不适用。因此，只对以下模拟结果进行了分析说明：①模拟 1 没有考虑对流倾覆，且 $E = fU^* D$ 以及 $K_z = S_c E$；②模拟 3 采用式（4.61）和式（4.62）的 E 和 K_z 值，且考虑对流倾覆。

4.4.4 模拟结果

（1）潮流。结合式（4.15）对应的理论剖面，根据模拟 1 和模拟 3 所得的平均潮汐（余流）剖面如图 4.8（a）所示。采用的参数 $U^* = 0.6 \text{m/s}$、$f = 0.0025$、$D = 32 \text{m}$、$L = 400 \text{km}$、$S_c = 0.1$ 与 Rippeth 等（2001 年）采用的观测值对应。没有考虑倾覆作用，该模型准确地反演了前述关于潮流振幅和相位的垂向理论剖面。模拟 1 的结果和式（4.15）的理论解几乎一致。相比之下，根据模拟 3 绘制的剖面类似但其量级要加倍。

模拟 3 的敏感性分析发现，其结果受施密特数（Schmid number）的影响变化很小。但是，当 U^* 值加倍则其余流速率减少 1/3；当 f 值增大 3 倍时，则其余流速率减少 2/3。

（2）盐度。上述模拟的潮汐平均盐度剖面（转化为 psu 表示）如图 4.8 所示，并与式（4.40）的理论结果比较。同样，理论结果与模拟 1 的结果近乎相同。然而，模拟 3 的结果比理论值大 4 倍，其表层至河床的净盐度差为 $\delta_s = 0.25‰$，与 Rippeth 等（2001 年）的观测值类似。

由于存在底部摩擦 $\rho fU^3/D$ 和垂向平均剪切力 $\rho E(\partial U/\partial Z)^2$，潮汐循环过程中能量会产生损耗，如图 4.9 所示。前者与潮流速度直接相关。垂向剪切力在涨潮和落潮的减速阶段出现峰值，且落潮时的值明显较大。当 $S_c = 10$ 和 $S_c = 1$ 时，其损耗量峰值相似，约为 $2 \times 10^{-2} \text{W/m}^3$。Rippeth 等的研究表明损耗率可达 $0.5 \times 10^{-2} \text{W/m}^3$。

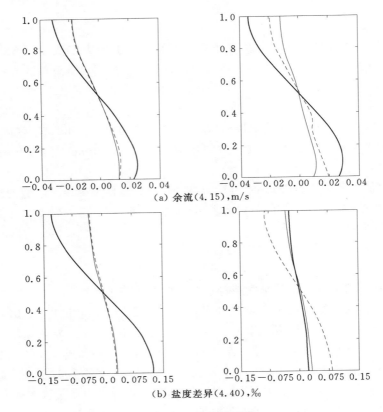

(a) 余流(4.15),m/s

(b) 盐度差异(4.40),‰

图 4.8　垂直剖面图

注　左图：虚线代表理论值；实线为数值模拟结果；细实线为模拟 1；粗实线为模拟 3。

右图：细实线（模拟 3，$f=0.01$）；虚线 $U^*=1.2\text{m/s}$；粗实线为 $S_c=1$。

数值与 $U^*=0.6\text{m/s}$、$f=0.0025$、$D=32\text{m}$、$L=400\text{km}$、$S_c=10$ 对应。

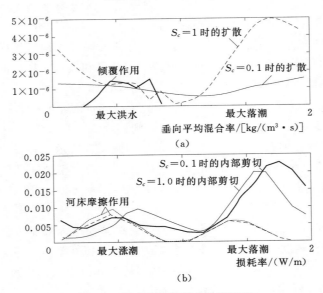

图 4.9　混合率和损耗率的潮周期

（3）潮周期和水深剖面。模拟 3 中，将 $S_c=10$ 和 $S_c=1.0$ 输入模型，分析垂向盐度差异的潮周期，如图 4.10 所示。当 $S_c=10$ 时，由于对流倾覆作用，在涨潮开始后的 1.5h 出现完全的垂向混合，且持续了 1/3 个潮周期。反之，当 $S_c=10$ 时，对流倾覆作用仅存在于涨潮期的末端，且出现范围局限于河床和水面处。

4.4.5　不同河口条件下的模型应用

采用上述公式及"单点"模型，针对下列各种条件进行了一系列模拟。

水深：$D=4m$、$5.7m$、$8m$、$11.3m$、
$16m$、$22.6m$、$32m$、$45.3m$、$64m$；

密度梯度：$S_x=(\Delta\rho/\rho)/L_I$，$L_I=$
$12.5km$、$17.7km$、$25km$、$35.5km$、$50km$、
$70.7km$、$100km$、$141.4km$、$200km$；

潮流速率：$U^*=0.5$；河床摩擦系
数：$f=0.0025$；施密特数（Schmid
number）：$S_c=10$。

$\Delta\rho=0.027\rho$ 为海水盐度，L_I 为咸
潮入侵距离。模拟范围局限于表底层盐
度差 δs 小于 $10‰$。Prandle（2004 年）
对这些模型模拟做了详细的描述。

（1）潮流速率。图 3.3 表示潮流剖
面解式（3.16）。表-底层的振幅差异随
斯特劳哈尔数（Strouhal number，$S_R=$
$U^* P/D$）单调递增，趋于渐近线 $S_R=$
350。在多数中潮和大潮河口区的斯特
劳哈尔数（Strouhal number）会大于该
值，因此，中潮、大潮河口的潮汐张力
作用可能大致相似。S_R 值从 $200\sim$
10000 的模拟计算结果表明：潮流振幅
和相位的理论值与模拟值十分接近。此

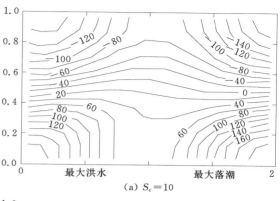

(a) $S_c=10$

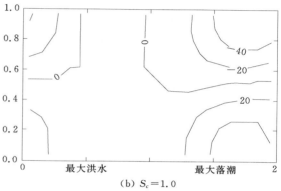

(b) $S_c=1.0$

图 4.10　一个潮周期内盐度差异的深度剖面
（等值线：$0.1‰$）

外，该 S_R 范围内，潮流振幅和相位值的垂向剖面对盐度梯度的影响基本不敏感。因此，
不再进一步考虑潮流。

Souza 和 Simpson（1997 年）采用 H. F. Radar 观测数据、针对沿岸淡水羽流区的表
层潮流椭圆，研究如何产生双层潮汐响应。在极限情况下，表面响应实际上无摩擦损耗，
而底层响应随水深的增大而减弱。该结果可能适用于弱潮河口，相应的水动力包括式
（4.4）中忽略的对流项和科氏力项。

（2）河床与水面的余流差 δu 以及海平面坡度 $\partial\varsigma/\partial X$。平均潮流流速条件下的河床与
水面余流差 δu 如图 4.11（a）所示，其中，平均潮流流速由式（4.15）和 4.4.3 节的模
拟 1、模拟 3 求得。该图表示整个入侵距离 L_I 和水深 D 范围内的 δu 值，并满足条件：
$U^*=0.5m/s$，$f=0.0025$ 和 $S_c=10$。图 4.11 和图 4.12 中的圆点代表八个观测数据集的
(D, L_I) 值，具体数据表 4.2 和表 4.3 所示。

将坐标轴对数化，即 $\log_2(200/L_I)$ 和 $\log_2(D/4)$，依赖 $L_I^m D^n$ 的参数其斜率为 $a=n/m$。
因此，对于方程式（4.15），$\delta u \propto D^2/L_I f U^*$，其斜率为 -2，D 轴间距为 $\log_2 R^{1/n}$，L_I 轴
间距为 $\log_2 R^{1/m}$，其中，为不同等值线值的比率。

如前所述，模拟 1（$E=fU^*D$，无对流倾覆）计算所得的 δu 值与方程式（4.15）的
计算结果基本一致。然而，模拟 3 考虑了对流倾覆作用，相比式（4.15）其 δu 模拟值明

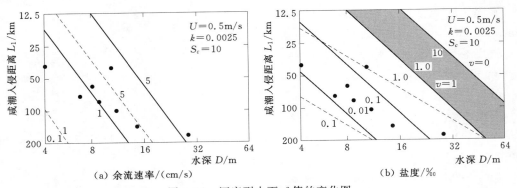

（a）余流速率/（cm/s）　　　　　　　（b）盐度/‰

图 4.11　河床到水面 f 值的变化图

注　虚线为数值模拟值；实线为理论值；圆点为观测值（Prandle，2004 年）

（b）图中的阴影部分表示 $0<v<1$，其中 v 为垂向扩散作用有关的盐度

通量和重力对流有关的盐度通量的比值。

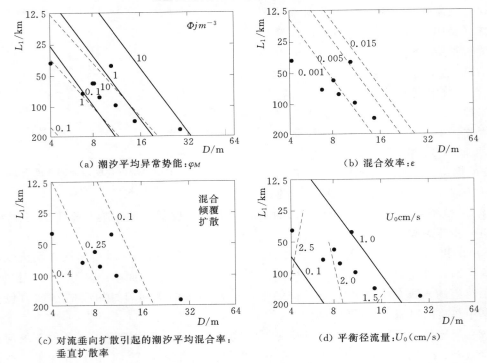

（a）潮汐平均异常势能：φ_M　　　　　（b）混合效率：ε

（c）对流垂向扩散引起的潮汐平均混合率：　　（d）平衡径流量：U_0（cm/s）
　　垂直扩散率

图 4.12　异常势能（φ_M）、混合效率（ε）、对流扩散以及

径流图（等值线标识如图 4.11 所示）

显较大，虽然在理论上保持对 D^2/L 的数据依赖。

有关潮汐平均海面梯度，模拟 1 和模拟 3 的模拟结果与式（4.16）的计算结果几乎完全一致。在 D 和 L_1 的研究范围内，$\partial\varsigma/\partial X$ 呈增长趋势，最大值为 10×10^{-6}，与咸潮入侵距离 1km 引起的海平面上升 1cm 对应。

（3）河床与水面密度差 δs。河床与水面间潮汐平均盐度差值 δs 如图 4.11（b）所示。同样，模拟 1（不考虑对流倾覆）的结果与式（4.40）的计算结果基本一致，且同样依赖

D^3/L_1^2。

　　然而，如上图 4.8 所示，模拟 3（考虑对流倾覆）的结果明显不同，其 δs 值较大。另外，这些等值线依赖 D/L_1 值。由图 4.10 可以看出，对流倾覆作用可消除模拟 1 中涨落潮潮汐张力的平衡。

4.4.6　混合过程

　　异常势能 φ_E 可定义为

$$\varphi_E = \frac{1}{D}\int_0^D s'g(Z-D)\mathrm{d}Z \tag{4.64}$$

　　式中，s' 由式（4.40）中的潮流结构确定，表示使水柱充分混合、达到均匀密度所需的能量。

　　将式（4.40）代入式（4.64），可得与潮流平均密度结构有关的 φ_M 的时均值：

$$\varphi_M = \frac{0.0007\rho g^2 S_x^2 D^6}{E K_Z} \tag{4.65}$$

　　图 4.12 所示的 φ_M 潮汐平均值与前面所述的密度差对应。通过模拟 1（无对流倾覆）得到的 φ_M 与式（4.65）的计算结果高度一致，且同样依赖 D^2/L_1 值。然而，模拟 3 考虑了对流倾覆作用，其 φ_M 模拟值明显增大，其数据依赖值接近 $D^{5/3}/L_1$。通常，潮汐循环过程中大部分 φ_E 值较大，只有 1/3 潮汐循环过程由于对流倾覆作用其 φ_M 值减小为 0。

　　上述模拟中的混合过程可以分别定量描述。图 4.12（Prandle，2004 年）表示模拟 3 中对流倾覆作用混合与垂向扩散作用混合的比值，其最大比值为 0.4、出现在 L_1 值较大的浅水区域。在深层且高度分层区域，该比值减小至 0.1。

　　Simpson 和 Bowers（1981 年）将混合有效性 ε 定义为混合作用与河床潮汐摩擦作用的比值。如图 4.12 所示，在模拟 3 中 ε 值的取值范围如下：充分混合型河口处 ε 值小于 0.001 至高度分层型河口处 ε 值高达 0.015。全部混合作用包括河床摩擦（$\rho f U_{bed}^3$）作用混合和内部剪切力作用混合 $\left[\int \rho E_Z (\mathrm{d}U/\mathrm{d}Z)^2 \mathrm{d}Z\right]$ 两部分。有趣的是，Simpson 和 Bowers（1981 年）的 ε 估算值约为 0.004，靠近计算所得的分布中心。Hearn（1985 年）指出，在大陆架区域，ε 值普遍趋于 0.003；并且根据凯尔特海（Celtic Sea）三个观测点（90～100m 深）的观测值发现 ε 值在 0.003～0.016 之间。

　　同样，用以平衡总混合率的 U_0 值如图 4.12 所示。在模拟 3 中，其取值范围为：1.5cm/s（深水区）至 2.5cm/s（浅水区）。方程式（4.58）中，由于平均潮汐张力作用，建议取值为 3cm/s；式（4.59）中，由于垂向密度差作用，建议取值范围为 0.1～1.0cm/s。后者与表 4.2 和表 4.3 中的典型观测值更接近，因此，常数 S_X 可能会出现松弛，使潮汐张力作用下的混合作用减弱。

4.5　分层

4.5.1　流量比 F_R

　　普遍认为，随着水深 D 和径流量 Q 的增大以及湾宽 B 和潮流振幅 U^* 的减小，分层作用会增强。径流比 F_R 可定义为：一个潮汐周期中的净淡水量除以每次涨潮时进入河口区的总进潮量 T_P 的比值，即近似于高低水位之间的水量：

$$F_R = \frac{QP}{T_P} = \frac{Q\pi}{U^* BD} = \frac{U_0 \pi}{U^*} \quad (4.66)$$

假定：T_P 值可用 $U^* AP/\pi$ 近似表示，其中，$A = BD$ 为过水断面面积。Schultz 和 Simmons（1957 年）认为 $F_R < 0.1$ 时河口充分混合，即 $U_0 < 0.03 U^*$。

式（4.66）中的参数关系证实了上面提到的分层趋势，唯独深度 D 的影响是个例外。下面章节将对此异常现象进行解释说明，分析如何扩展动力学关系［式（4.66）］、考虑混合率（集中在分层流中的表层）与潮汐损耗（主要靠近河床）之间的平衡。第 3 章表明：在半日潮中，$(\omega D/f U^*) > 0.25$，即 $(D/U^*) > 5s$ 时，最大流速出现在中深位置处，且上半层水体中几乎没有潮流剪切力。后面的章节证实：除了较深的弱潮河口区其混合作用很难影响到表层之外，方程式（4.66）是主要的分层指标。

4.5.2 所需能量和时间

Simpson - Hunter（1974 年）的分层条件标准基于以下比率：混合作用引起的势能增加值与潮汐摩擦作用所做功的比。说明整体水深混合作用的数值以陆架海域热力分层现象的观测结果为基础：

$$H/U^{*3} < 55 \mathrm{m}^2 \mathrm{s}^3 \quad (4.67)$$

Prandle（1997 年）研究表明，分层程度可通过 D^2/K_z 计算，D^2/K_z 是由于水面或河床的点源扩散作用引起的完全垂向混合所需的时间。将式（4.3）代入上式，并定义该时间为落潮或涨潮的持续时间，则分层需要满足：

$$\frac{D^2}{K_z} = \frac{D}{S_c f U^*} > 6h \text{ 或 } \frac{D}{U^*} > 56 S_c s \quad (4.68)$$

式中，U^* 值通常介于 $0.5 \sim 1.0 \mathrm{m/s}$ 之间，S_c 值介于 $0.1 \sim 1$ 之间，与 Simpson - Hunter 的标准一致。大多数河口区的 $D^2/K_z > 1h$，说明潮汐内部分层作用会时而发生。第 6 章中针对同步河口区，分析了上述两种标准如何与潮位振幅 $\varsigma^* \leqslant 1 \mathrm{m}$ 时出现的分层作用对应。

4.5.3 理查逊数（Richardson number）

R_i［式（4.2）］的时均值和平均深度值可以通过［式（4.40）］$\partial\rho/\partial Z$ 和［式（4.55）］$\partial U/\partial Z$ 计算，由此可得：

$$R_i = \frac{\dfrac{68 g S_X^2 D^4}{10^4 E K_z}}{\left(0.45 \dfrac{U^*}{D}\right)^2} = 100 S_c \left(\frac{U_0}{U^*}\right)^2 \quad (4.69)$$

式中，E 值由式（4.3）计算所得，$S_X = 0.027/L_I$，L_I 为咸潮入侵距离，由式（4.44）计算。混合作用发生的临界条件为 $R_i < 0.25$，与此相对应：当 $S_c = 1$ 时，$U_0 < 0.05 U^*$；当 $S_c = 10$ 时，$U_0 < 0.016 U^*$。

4.5.4 分层数

Ippen 和 Harleman（1961 年）研究表明，垂向混合可能与以下两者的平衡有关：河床应力影响的潮汐能损耗率相关的湍流 $G=\varepsilon(4/3\pi)f\rho U^{*3}L_I$ 和垂向混合作用下增加潜能所需的能量 $J=1/2\Delta\rho g H^2 U_0$。参数 ε 表示混合效率，通常趋于 0.004（4.46 节），本节采用参数 ε 用于修正分层数：

$$S'_T=S_T\varepsilon=\frac{\varepsilon G}{J}=0.85\ \frac{\varepsilon f U^* L_I}{\frac{\Delta\rho}{\rho}g H^2 U_0}=0.017\varepsilon\left(\frac{U^*}{U_0}\right)^2 \tag{4.70}$$

由此，分层数延伸了 4.5.2 节中 Simpson-Hunter 标准，用以平衡咸潮入侵距离内所对应的净混合淡水量。Prandle（1985 年）研究表明：分层数由 400 以上递减至 100 以下，河口由混合型转为分层型（图 4.13）。采用极值 $S_T=250$，则 $\varepsilon=0.004$ 时，边界条件与 $S_T=1$ 及 $U_0<0.01U^*$ 相对应。

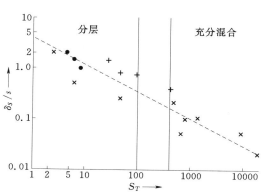

图 4.13 分层水平 $\delta s/s$ 与分层数 S_T 的关系图 [$S_T=0.017\varepsilon(U^*/U_0)^2$，4.70]
●—Rigter 水槽试验（1973）；+—WES 水槽试验；×—观测值

4.5.5 垂向盐度差

Hansen 和 Rattray（1966 年）研究表明，可以采用标准水面-河床盐度差 $\delta s/s<0.1$ 作为区分混合型河口和分层型河口的边界。由图 4.13 和式（4.70）可得

$$\frac{\delta s}{s}=4S_T^{-0.5}=31\left(\frac{U_0}{U^*}\right) \tag{4.71}$$

因此，当 $U_0<0.003U^*$ 时，$\delta s/s<0.1$ 时，则为混合型河口。如图 4.13 所示，运用改进的划分条件 $S_T=250$，则当 $\delta s/s>0.25$ 且 $U_0<0.01U^*$ 时，为分层型河口。

4.6 小结及应用

在河口区，咸潮入侵会显著影响植物群、动物群、生物、化学、沉积物、地形、冲刷时间、污染路径等。本章通过混合动力分析，表明水深以及海洋、河流条件会决定分层程度和轴向渗透。附录 4A 概述了水密度对水温的依赖特征，并根据不同分层和纬度分析了水密度的季节性周期变化。

首要问题是：

海水如何入侵和混合，并如何随着大小潮和洪水期枯水期的径流周期性变化而变化？

除了表面随机出现的浮垢条纹，河口区退潮和涨潮时期的咸潮入侵很难被观察到。然而，咸潮入侵的程度经常是依赖淡水资源的城镇或者工业选址的决定性因素。此外，咸潮入侵的范围和性质决定了河口区溶解海洋示踪剂和河流污染物的净浓度。在与河水的交界处，盐水会在细悬浮泥沙之间产生电解吸引力，从而迅速形成沉降"絮团"，在咸潮入侵的向海（落潮）和向陆（涨潮）边界积聚。

在强潮型河口区，咸潮入侵对于潮汐传播几乎没有影响（Prandle，2004 年）。相反地，咸潮入侵的性质主要是由潮汐运动和河水流动所决定的。Pritchard（1955年）根据咸潮入侵的程度将河口分为完全（垂向）混合的强潮-弱径流浅水河口和弱潮-河优型深水河口（稳定盐水楔）。Hansen和Rattray（1966年）的通用分层图（图4.3），经Prandle（1985年）进一步换算、修订后，其参数更易获取。然而，该图并没有直接解答以上提出的有关河口咸潮入侵范围的问题。

在混合动力与盐度梯度调整的持续相互作用下，分层作用十分复杂。理查逊数量化了"稳定"的浮力流与湍流混合率的比值，通过大量的流体动力学分析，已被证实是一个可靠的分层指标。然而，如上所述，理查逊数在潮汐与河流周期中会发生明显变化，从河口口门到顶端以及河口侧向均会发生显著变化。

4.3节阐述了河口咸潮入侵距离 L_I 的不同估算方法，均认为咸潮入侵距离 L_I 依赖 $D^2/(fU^*U_0)$ 而变化（D 为深度，f 为河床摩擦系数，U^* 为潮流振幅，U_0 为与径流量有关的余流）。经过一系列水槽实验证实了该公式的有效性和稳定性。然而该公式并不能说明咸潮入侵距离观察值的变化（Uncles等，2002年）。另外，在研究漏斗状河口时必须考虑入侵过程中的轴向迁移。因此，需要考虑入侵距离与入侵位置之间复杂的相互依赖关系。观察数据分析表明，轴向迁移可以使混合作用向海移动，直到河口区可以控制混合作用。咸潮入侵轴向迁移的时间延迟与河口冲刷时间 T_F 有关，将在第6章中详细说明。根据观测数据分析，T_F 值以天数计，因此在这一时间范围内潮汐和径流条件变化使 L_I 的计算更加复杂。很明显，需要适当延长模拟时间，以便适应轴向迁移，并考虑向海与向陆边界条件的适当"松弛"。

Abraham（1988年）指出"潮汐张力"的重要意义，在涨潮时，底层为淡水层，近水面潮速较大，在低层淡水层上部输送了较多高密度盐水、并通过对流倾覆产生混合。对此，Simpson等（1990年）提出了定量分析理论和定量观测方法。然而，尽管忽略了后者作用，"潮平均"解析解在研究余流速率和盐度的垂向剖面时仍被广泛应用。4.2.6节和表4.1中对这些解析解的总结强调：对于稳态平衡，咸潮入侵的动态调整涉及小的余流和表面梯度。

上述解析解对以下各参数相关的余流部分进行了估算：①径流量 Q［式（4.12）］；②风应力 τ_w［式（4.37）］；③充分混合纵向密度梯度［式（4.15）］；④完全分层盐水楔［式（4.32）和式（4.33）］。其中每个参数的相对大小由无纲量参数［式（4.42）］定义。余流剖面如图4.4所示。

由表4.1可得，密度压力项 $0.5S$ 由表面梯度 $-0.46S$ 所平衡，剩余成分则会产生余流环流：表层余流环流向海移动（$0.036SU_0/F$）；河床余流环流向陆移动（$-0.029SU_0/F$）。同样的，风应力项 W 被表面梯度 $1.15W$ 所抵消，"剩余"部分产生环流：表层（$0.31WU_0/F$）；河床（$-0.12WU_0/F$）［W、S、F 如式（4.42）定义］。因此，在稳态条件下，风和密度压力主要由表面梯度抵消，只有小部分压力维持垂向环流。

4.4节利用上述分析所得潮流和盐度剖面估算（局部）垂直混合率，并将其与潮汐张力（tidal straining）相关的参数与河水供应相比较。其解析解将进一步与"单点"数值模拟结果对比，"单点"数值模型包含了潮汐张力和对流倾覆（密度随深度递减）。模型还包含了 Munk 和 Anderson（1948年）对涡流扩散系数 E 和涡流黏滞系数 K_z 的修正，其修正以理查逊数表征浮力效应为基础。

该数值模型的应用延伸到一系列咸潮入侵距离 L_1 和水深 D。施密特数（Schmidt number）是 E 和 K_z 的比值，本章也分析了不同参数对其的敏感型。结果包括：表面到河床的余流速度差 δu 和盐度差 δs、异常势能 φ_E、扩散混合比、倾覆作用、混合效率 ε 和径流余流 U_0（用于平衡混合率）。

定性分析结果表明，余流和盐度剖面的数值模拟结果与其解析解结果基本一致。然而，模拟结果表明潮汐张力会数倍地增加余流和盐度结构的量级。平均在一个潮汐周期内，倾覆混合通常要远远少于扩散混合，前者通常是后者的 0.1～0.4。然而，倾覆作用对消除涨潮时分层的影响是显而易见的。该模型还量化了河床摩擦和内部剪切力作用下的混合率。结果证实了 Simpson 和 Bower（1981 年）的观测发现——只有不到 1% 的潮汐损耗能量能够有效促进垂直混合。

4.5 节回顾了河口分层指标的问题。新的分层理论与历史指标相辅相成，强调指出 $U^0/U^* > 0.01$ 是常用的分层关键指标。基于以下方法，对咸潮入侵范围内可能的 U_0 值进行了计算：①混合范围的向海位置［式（4.52）］；②径流比［式（4.66）］；③理查逊数（Richardson number）［式（4.69）］；④势能与潮汐耗能之间的平衡［式（4.70）］；⑤分层观测（图 4.13）。这五个方法表明 U_0 值在"混合"河口的入侵区接近 1cm/s，该结论在第 6 章将被进一步证实。该指标证明：分层通常随着径流量增大、湾宽变窄和潮流变弱而增强。然而，有迹象表明：分层随着水深变浅而增强，由深水区近水面潮流减弱以及潮流张力作用减弱而抵消。

附录 4A 给出了水面和周围大气的平均和季节性变化的表达式——水深、纬度和分层程度的函数。

附录 4A

4A.1　年温度周期

河口区及邻近海域的通用年温度周期理论已形成。假设年太阳能加热成分的正弦近似值为 S，表层热亏损量为海水-大气的温度差和常数 k 的乘积。在垂向混合条件下，由解析解可以得出浅水区的水温与周围大气的温度十分接近，太阳能加热对其作用十分有限。相反地，在深水区，水面温度变化比周围大气要小。假如深水区保持垂向混合，那么其水温的季节变化将和水深呈反比例关系，并且最高水温将比最高的太阳能加热出现的时间推迟高达 3 个月。年平均水温将超过年平均气温，超过值为：年平均值 S 除以 k。为了得到更广泛的应用，可利用数值模拟推导出平均气温和水体表层温度及其振幅的通用函数表达式，是纬度、水深和潮流速度的函数。

温度在海洋生态模型中是至关重要的，一方面温度对某些具体参数产生直接影响，另一方面温度会间接地影响垂向密度变化。

水的密度可近似表示为 $\rho = 1000 + 0.7S - 0.2T(\text{kg/m}^3)$，其中，$S$ 为盐度（‰）、T 为温度（℃）。因此，分界点 $\delta s \sim 0.25‰$ 处的分层可等价于表-底层的温度差：0.875℃。

通过简化通用方法可以研究温度是如何随着以下 5 个因素而产生季节性变化的：①太

阳能加热的水平（即云量和纬度）；②周围大气温度；③风速（强烈控制大气-海洋之间的热力交换）；④水深；⑤垂向扰动的程度。这些研究（Prandle 和 Lane，1995 年；Prandle，1998 年）的成果可用于分析气候变化引起的任一上述参数变化所带来的影响。

主要简化方式如下：

（1）通过平均值加上正弦项近似表示年太阳能输入 $S_0 \sim S^* \cos\omega t$；

（2）$k(T_s - T_a)$ 表示热消耗量，其中 T_s 为表层水温，T_a 为气温，k 为一个恒定系数；

（3）局部均衡的假设，即忽略对流和扩散的水平分量；

（4）涡流扩散系数表示垂向混合过程，包括垂向对流和扩散对垂向混合过程的影响；

（5）忽略日潮周期变化和大小潮周期变化。

采用正弦近似值表示年温度周期，在一年内对应的相位值为 360°。为方便计算，"一年"缩减为 360d，因此 1°对应 1d。严格来讲，"天数"从冬至日起算。

4A.2 海面热量交换

如 Goldsmith 和 Bunker（1979 年）所述，海水与大气之间的热量交换包括四个成分，即

（1）SR——太阳辐射，基本的能量来源；

（2）LH——潜热通量，由于海面蒸发产生的潜热释放（有时会由于凝结作用而获得热量）；

（3）IR——红外光逆辐射，来自海洋的净有效"反射"；

（4）LS——感热通量，海气之间的热传导交换。

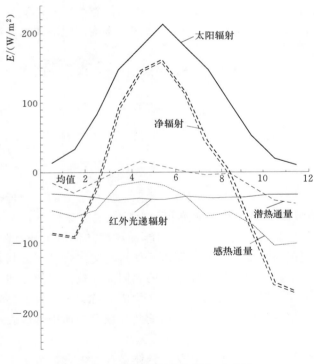

图 4A.1　太阳辐射的年周期示意图

基于英国气象局（UK. Meteorological Office，Cave，1990 年）提供的 1989 年北海北部（northern North Sea）（55°N，3°E）的数据，SR、LH、LR 和 LS 各项的年变化情况以及 Goldsmith 和 Bunker 计算的热交换项（1979 年）如图 4A.1 所示。海水表面的有效 SR 值受云量影响减小，当云层覆盖率为 25％时，该值减小 1/8；当云层覆盖率为 50％时，该值减小 1/3；当云层覆盖率为 100％时，该值减小 4/5。然而，几乎所有纬度地区的太阳辐射量年周期（频率为 ω）可近似为

$$SR = S(1 - \beta\cos\omega t) \tag{4A.1}$$

潜热通量 LH 是风速 W、海气温度差（$T_a - T_s$）和相对湿度的函数。

有效逆辐射 IR 的大小取决于大气的吸收性能以及 T_a 和 T_s 之和，其中，对 T_a 尤为敏感。

感热通量 LS 与风速 W 和（$T_s - T_a$）成正比。由于海水和大气的热导率不同，分别为 $0.0226\mathrm{W/(m \cdot ℃)}$ 和 $0.60\mathrm{W/(m \cdot ℃)}$，大气比水吸收热量快，因此，由于海洋中长时间存在 $T_a > T_s$，假设 k 为恒定值并不适用海洋。

简单起见，把太阳辐射 SR 和红外光逆辐射 IR 合并为单一热增益项 S，近似值为

$$S(t) = S_0 - S^*\cos\omega t \tag{4A.2}$$

类似的，可将 LH 和 LS 合并为单一热损耗项 L

$$L(t) = -k(T_s - T_a) \tag{4A.3}$$

云量为 0 时的太阳辐射量为年平均太阳辐射 $S_0(\mathrm{W/m^2})$，如（4A.2）式所示。赤道处该值为 317，45°N 该值为 234，两极该值为 133。相应地，S^* 在赤道处为 0，在纬度 45°N 为 147，在两极处为 209。频率为 2ω 的二次谐波在 60°N 处为 $16\mathrm{W/m^2}$、70°N 处为 $41\mathrm{W/m^2}$、90°N 处，为 $87\mathrm{W/m^2}$。因此，现有的理论方法只考虑（4A.1）中的第一谐波，其对纬度高达 70° 的地区是适用的。北海典型年周期如图 4A.1 所示（Prandle 和 Lane，1995 年）。

4A.3 垂向混合水体的解析解

根据式（4A.2）和式（4A.3）的假设，海水温度 T_s 的变化率为

$$\frac{\partial T_s}{\partial t} = \frac{S(t) + L(T)}{\alpha D} \tag{4A.4}$$

式中：α 为水的热容量（$= 3.9 \times 10^6 \mathrm{Jm^{-3}/℃}$）。

假设

$$T_a = \overline{T}_a - \hat{T}_a\cos(\omega t - g_a) \tag{4A.5}$$

由于是线性方程，因此 T_s 必须采取以下形式：

$$T_s = \overline{T}_a - \hat{T}_s\cos(\omega t - g_s) \tag{4A.6}$$

式中：g_a 和 g_s 分别为大气和表层海水温度相对于太阳辐射周期［式（4A.1）］的相位滞后。

将式（4A.1）、式（4A.3）、式（4A.5）和式（4A.6）代入式（4A.4）中，可得

$$\alpha D\omega\hat{T}_s\sin(\omega t - g_s) = S_0 - S^*\cos\omega t$$
$$+ k[\overline{T}_a - \hat{T}_a\cos(\omega t - g_a) - \overline{T}_s + \hat{T}_s\cos(\omega t - g_a)]$$

$$\tag{4A.7}$$

则时间恒定项为

$$\overline{T}_s = \overline{T}_a + \frac{S_0}{k} \tag{4A.8}$$

且对于季节性周期

$$\hat{T}_s\cos(\omega t - g_s - B) = \frac{S^*\cos\omega t + k\hat{T}_a\cos(\omega t - g_a)}{(k^2 + \alpha^2 D^2\omega^2)^{1/2}} \tag{4A.9}$$

其中
$$B = \arctan(-\alpha D\omega, k)$$

图 4A.2（Prandle 和 Lane，1995 年）显示：一系列 $\hat{T}_a$ 和 D 值条件下的 $\hat{T}_s/\hat{T}_a$ 值。结果对应于 $S_0 = S^* = 100\text{W/m}^2$、$k = 50\text{W/(m}^2 \cdot \text{℃)}$ 和 $g_a = 30°$。当 $0° < g_a < 90°$、且 S^* 或 k 值呈 2 倍关系变化时，结果也与上述相似。

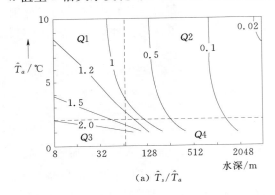

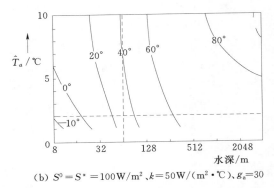

(a) $\hat{T}_s/\hat{T}_a$ (b) $S^0 = S^* = 100\text{W/m}^2$、$k = 50\text{W/(m}^2 \cdot \text{℃)}$、$g_a = 30$

图 4A.2 充分混合水体的年温度变化图

参照式（4A.9），图 4A.2 分为四个象限，用来区分深水区和浅水区以及 $\hat{T}_a$ 值的大小：

在第一象限 $Q1$ 内，$D \ll k/\alpha\omega$ 且 $\hat{T}_a \gg S^*/k$，因此 $\hat{T}_s \to \hat{T}_a$ 且 $g_s \to g_a$；

在第二象限 $Q2$ 内，$D \gg k/\alpha\omega$ 且 $\hat{T}_a \gg S^*/k$，因此 $\hat{T}_s \to \hat{T}_a k/D\alpha\omega$ 且 $g_s \to g_a + 90°$；

在第三象限 $Q3$ 内，$D \ll k/\alpha\omega$ 且 $\hat{T}_a \ll S^*/k$，因此 $\hat{T}_s \to S^*/k$ 且 $g_s \to 0$；

在第四象限 $Q4$ 内，$D \gg k/\alpha\omega$ 且 $\hat{T}_a \ll S^*/k$，因此 $\hat{T}_s \to S^*/D\alpha\omega$ 且 $g_s \to 90°$。

4A.4 大气-海洋耦合模型

由于需要指定（固定）气温值无法分析海水温度的变化对周围大气温度的反馈影响，将上述的解析解用于敏感性试验存在很大的局限性。很明显，大气-海洋之间存在着紧密的热耦合作用，该耦合具有以下几种频率的特征周期：日、月、半月（大小潮）和年频率。Prandle（1998 年）建立了"单点"的海气热交换耦合模型，该模型重点再现了海面与周围大气的年温度周期。以下是对该模型的概述。

采用 Gill（1982 年）计算的海-气交换率，将海洋模型与大气模型联系起来，包括长波辐射、蒸发和对流（或感热通量）。水柱内的垂直交换受制于潮汐和风引起的湍流强度水平，受垂向密度梯度调节。入射太阳辐射量则受大气外边缘的反射系数以及内部的吸收性能影响。除去 $0.3Q_L$，假设海水表面损耗的热量直接向空中辐射，则其随后会被大气吸收。大气模型作为海洋模型的有效"表面层"，其外部边界条件（入射太阳能、辐射和反射热能）在大气的外部边缘。大气外部热损耗率符合 Stefan 定律（Stefan's Law）。其显著特征如图 4A.3 和表 4A.1 所示（Prandle，1998 年）。

该模型的参数详见表 4A.1，经调整后用于再现北大西洋的海面水温和周围大气温度的季节性循环，采用了 Isemer 和 Hasse（1983 年）的计算结果，其计算范围为 0～65°N。在浅水区（<200m），这种季节性循环的振幅受水深和潮流振幅影响，且随着潮流增强，

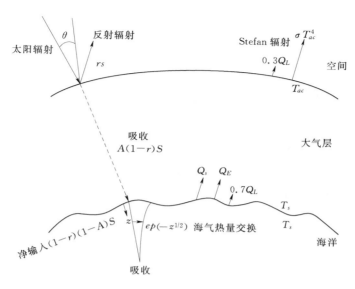

图 4A.3 海-气热交换模型示意图

季节性振幅减小。

表 4A.1 模 型 参 数

大气反射	$r = -0.47 + 0.86\cos\lambda^{1/2}(\lambda \text{ latitude})$
大气吸收系数	$A = 0.11$
大气温度梯度	$\Delta T = 42.5℃$
云量	$C = 0.5$
最小涡流扩散系数	$K_Z = 10^{-5}(\text{m}^2/\text{s})$
大气高度（水当量）	$d = 2.5\text{m}$
相对湿度	$R = 0.8$
云体速度	$W = 6[1 + (\lambda/65)^2](1 + 0.5\cos\omega_a t)$
垂直网格数	$n = 10 \sim 100$
时间步长	$\Delta t = 900\text{s}$

海洋模型。水柱内的温度可用垂向分散方程计算：

$$\frac{\partial}{\partial t}T = \frac{\partial}{\partial Z}K_z\frac{\partial T}{\partial Z} + \frac{Q(Z)}{\alpha} \tag{4A.10}$$

式中：T 为温度；K_z 为垂向涡流扩散系数；$Q(Z)$ 为 Z 处单位水深对应的大气热输入；α 为水的热容量；t 为时间；Z 为垂直坐标轴。K_z 值可通过 2.5 阶 Mellor - Yamada（1974年）湍流闭合模型确定（附录 3B）。潮汐和风力驱动的潮流可用动量方程（第 3 章）的解计算得到。

4A.5 大气模型——太阳能入射、反射、吸收和辐射

用图 4A.3 中的符号，进入海水中的净太阳辐射可表示为

$$SR = S[\cos\theta(1-r) - A] \tag{4A.11}$$

其中 $$S = 1353\text{Wm}^2$$

相对于垂向方向，太阳的倾角可表示为

$$\cos\theta = \sin\beta\sin\lambda - \cos\beta\cos\lambda\cos(x + \omega_d t) \qquad (4\text{A}.12)$$

式中：ω_d 为地球日旋转频率；λ 为纬度；x 为经度。又

$$\sin\beta = \sin\delta\sin(\omega_a t - x_0) \qquad (4\text{A}.13)$$

式中：ω_a 为地球年旋转频率，相对于 1 月 1 日的 t，磁偏角 $\delta = 23.5$，"参考"经度 x_0。

以下表达式可用于再现（北大西洋）气温和海面温度：

$$r = -0.47 + 0.86(\cos\lambda)^{1/2} \qquad (4\text{A}.14)$$

通过 πR^2 与表面积的比值计算，可得单位表面积的全球太阳能均值为 $0.25S$。运用现有公式计算大气反射因子 r 的全球均值为 0.3，与 Gill（1982 年）的研究结果高度一致。大气吸收系数为 $A = 0.11$，对应于全球吸收因子均值为 0.15，而 Gill 的研究结果为 0.19。A 和 r 值的计算都存在一定的弹性。A 值随纬度的变化规律可能与 r 值类似。假定海面和大气外边缘的温度差为固定值 42.5℃，海面平均温度的计算值主要取决于 A、r 和 ΔT 的取值。

4A.6　全球通用表达式

以下通式来源于最小二乘法拟合模型结果：

$$\overline{T}_s = 40\cos\lambda - 12.5$$
$$\overline{T}_a = 35\cos\lambda - 10.0$$

当 $U^* < 0.2\text{m/s}$ 时

$$\hat{T}_s = \frac{0.080\lambda}{1 - \exp(-D/50)}$$

当 $U^* > 0.2\text{m/s}$ 时

$$\hat{T}_s = \frac{0.064\lambda}{1 - \exp(-D/50)} \qquad (4\text{A}.15)$$

当 $U^* < 0.2\text{m/s}$ 时

$$\hat{T}_a = \frac{0.06\lambda}{1 - \exp(-D/50)}$$

当 $U^* > 0.2\text{m/s}$ 时

$$\hat{T}_a = \frac{0.067\lambda}{1 - \exp(-D/50)}$$

式中：温度单位为摄氏度；水深的单位为米；U^* 为潮流振幅。

图 4A.4（Prandle，1998 年）显示了年平均温度值 $\hat{T}_s$ 和 $\hat{T}_a$ 的突出成果。平均温度值在很大程度上取决于纬度，水深和潮流振幅对其影响不大。

图 4A.5（Prandle，1998 年）表示 $\hat{T}_s$ 和 $\hat{T}_a$ 值的季节性波动，从图可以看出该值对纬度以及水深的指数函数的依赖性。后者的依赖关系表现为浅水区的 $\hat{T}_s$ 和 $\hat{T}_a$ 值显著增加。对于水深的这种依赖关系在 $D \gg 100\text{m}$ 时达到渐进极限。当水深 $D > 40\text{m}$ 时，对于最小潮流振幅 $U^* = 0.1\text{m/s}$，$\hat{T}_{ss}$ 和 $\hat{T}_a$ 值均显著增加。然而，当 $U^* > 0.2\text{m/s}$ 时，$\hat{T}_s$ 和 $\hat{T}_a$ 值减

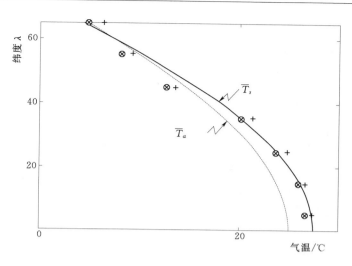

图 4A.4　年平均温度计算值：$\overline{T}_s$ 海面，$\overline{T}_a$ 周围大气（Bunker Atlas 观测值）

+—海面；⊗—大气

小，呈渐近收敛，如图 4A.5 所示。

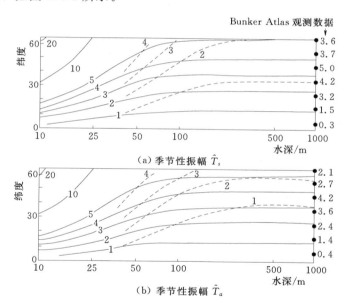

图 4A.5　海面温度 $\hat{T}_s$ 和气温 $\hat{T}_a$ 的季节性振幅

注　1. 虚线等值线为潮汐振幅 $U^* \geqslant 0.2 \text{m/s}$，连续等值线为 $U^* < 0.2 \text{m/s}$；

2. 右坐标轴上的点代表 Bunker Atlas 观测值。

$\qquad$ —— $\hat{R} = 0.1 \text{m/s}$；--- $\hat{R} \geqslant 0.2 \text{m/s}$

　　季节周期的相位表明，北半球最高海面温度几乎总是出现在儒略日 230～255d 内，且通常在深水区出现的更早。气温相位一般比海面最大温度滞后 5～10d。

　　耦合模型适用于 0～65°N 地区，即两极地区附近，由于表面结冰以及异常的温度密度函数，该模型的应用尤为困难。该模型可用于小振幅敏感性分析，用以分析云量、风速或相对湿度变化的影响以及一场大风暴所带来影响的大小及其持久性等。对于 T_s 和 T_a 表达式的通用性有助于简单理解不同纬度、不同水深、不同潮流振幅的可能条件。同样，该模型可用于跨学科领域研究，如生物和化学参数对吸收和反射系数影响的反馈机制研究。

　　综上所述，海洋-大气耦合数值模拟结果表明，气温和水温的均值均主要受纬度（余弦值）的影响，而水深、潮流振幅的影响不大。相比之下，相应的季节性振幅随纬度的变化直接变化，且与水深呈指数函数关系，在弱混合浅水域，该值较大。分层作用增强会导致海水无法产生太阳能加热和表层热量交换，尤其在深水区。从而使得深水水温的平均值和变率降低，特别是倾覆作用出现时，效果会更显著。

参考文献

Abraham, C., 1988. Turbulence and mixing in stratified tidal flows. In: Dronkers, J. and vanLeussen, W. (eds), Physical Processes in Estuaries. Springer Verlag, Berlin, 149 - 180.

Bowden, K. F., 1953. Note on wind drift in a channel in the presence of tidal currents. Proceedings of the Royal Society of London, A, 219, 426 - 446.

Bowden, K. F., 1981. Turbulent mixing in estuaries. Ocean Management, 6 (2 - 3), 117 - 135.

Bowden, K. F. and Fairbairn, L. A., 1952. A determination of the frictional forces in a tidal current. Proceedings of the Royal Society of London, Series A, 214, 371 - 392.

Cave W. R., 1990. Re format Procedures and Software for Meteorological Office Data. Unpublished Report. British Oceanographic Data Centre, Bidston Observatory, Birkenhead, UK.

Dyer, K. R. and New, A. L., 1986. Intermittency in estuarine mixing. In: Wolfe, D. A. (ed.), Estuarine Variability. Proceedings of the Eighth Biennial International Estuarine Research Conference, University of New Hampshire, Durham, 28 July - 2 August, 1985. Academic Press, Orlando, 321 - 339.

Geyer, W. R. and Smith, J. D., 1987. Shear instability in a highly stratified estuary. Journal of Physical Oceanography, 17 (10), 1668 - 1679.

Gill A. E., 1982. Atmosphere - Ocean Dynamics. Academic Press, Oxford.

Godin, G., 1985. Modification of river tides by the discharge. Journal of Waterway Port Coastal and Ocean Engineering, 111 (2), 257 - 274.

Goldsmith R. A. and Bunker, A. F., 1979. WHOI Collection of Climatology and Air - Sea Interaction (CASI) Data, Technical Report.

Hansen, D. V. and Rattray, M. J., 1966. New dimensions in estuary classification. Limonology and Oceanography, 11, 319 - 326.

Hearn, C. J., 1985. On the value of the mixing efficiency in the Simpson - Hunter H/U3 criterion. Deutsche Hydrographische Zeitschrift, 38, 133 - 145.

Ippen, A. T. (ed.), 1966. Estuary and Coastline Hydrodynamics. McGraw - Hill, New York.

Ippen, A. T. and Harleman, D. R. F., 1961. One - dimensional analysis of salinity intrusion in estuaries. Technical Bulletin No. 5, Committee on Tidal Hydraulics Waterways Experiment Station, Vicksburg, MS.

Isemer H. J. and Hasse, L., 1983. The Bunker Climate Atlas of the North Atlantic Ocean, Vol. 1, Observations. Springer - Verlag, 218.

Lewis, R., 1997. Dispersion in Estuaries and Coastal Waters. John Wiley and Sons, Chichester.

Linden, P. P. and Simpson, J. E., 1988. Modulated mixing and frontogenesis in shallow seas and estuaries. Continental Shelf Research, 8 (10), 1107 – 1127.

Liu, W. C., Chen, W. B., Kuo, J – T. and Wu, C., 2008. Numerical determination of residence time and age in a partially mixed estuary using a three – dimensional hydrodynamic model. Continental Shelf Research, 28 (8), 1068 – 1088.

Mellor O. L. and Yamada, T., 1974. A hierarchy of turbulence closure models for planetary boundary layers. Journal of the Atmospheric Science, 31 (7) 1791 – 1806.

Munk, W. H. and Anderson, E. R., 1948. Notes on a theory of the thermocline. Journal of Marine Research, 7, 276 – 295.

New, A. L., Dyer, K. R. and Lewis. R. E., 1987. Internal waves and intense mixing periods in a partially stratified estuary. Estuarine, Coastal and Shelf Science, 24 (1), 15 – 34.

Nunes, R. A. and Lennon, G. W., 1986. Physical property distributions and seasonal trends in Spencer Gulf, South Australia: an inverse estuary. Australian Journal of Marine and Freshwater Research, 37 (1), 39 – 53.

Nunes Vaz, R. A. and Simpson, J. H., 1994. Turbulence closure modelling of estuarine stratification. Journal of Geophysical Research, 95 (C8), 16143 – 16160.

Oey, L. Y., 1984. On steady salinity distribution and circulation in partially mixed and well mixed estuaries. Journal of Physical Oceanography, 14 (3), 629 – 645.

Officer, C. B., 1976. Physical Oceanography of Estuaries. John Wiley and Sons, New York.

Olson, P., 1986. The spectrum of sub – tidal variability in Chesapeake Bay circulation. Estuarine, Coastal and Shelf Science, 23 (4), 527 – 550.

Prandle, D., 1981. Salinity intrusion in estuaries. Journal of Physical Oceanography, 11, 1311 – 1324.

Prandle, D., 1982. The vertical structure of tidal currents and other oscillatory flows. Continental Shelf Research, 1 (2), 191 – 207.

Prandle, D., 1985. On salinity regimes and the vertical structure of residual flows in narrow tidal estuaries. Estuarine Coastal and Shelf Science, 20, 615 – 633.

Prandle, D., 1997. The dynamics of suspended sediments in tidal waters. Journal of Coastal Research (Special Issue No. 25), 75 – 86.

Prandle, D., 1998. Global expressions for seasonal temperatures of the sea surface and ambient air: the influence of tidal currents and water depth. Oceanologica Acta, 21 (3), 419 – 428.

Prandle, D., 2004a. Saline intrusion in partially mixed estuaries. Estuarine, Coastal and Shelf Science, 59, 385 – 397.

Prandle, D., 2004b. How tides and river flow determine estuarine bathymetry. Progress in Oceanography, 61, 1 – 26.

Prandle D. and Lane, A., 1995. The annual temperature cycle in shelf seas. Continental Shelf Research, 15 (6), 681 – 704.

Pritchard, D. W., 1955. Estuarine circulation patterns. Proceedings of the American Society of Civil Engineers, 81 (717), 1 – 11.

Rigter, B. P., 1973. Minimum length of salt intrusion in estuaries. Proceedings of the American Society of Civil Engineers Journal of the Hydraulics Division, 99, (HY9), 1475 – 1496.

Rippeth, T. P., Fisher, N. R., and Simpson, J. H., 2001. The cycle of turbulent dissipation in the presence of tidal straining. Journal of Physical Oceanography, 31, 2458 – 2471.

Rossiter, J. R., 1954. The North Sea Storm Surge of 31 January and 1 February 1953. Philosophical

Transactions of the Royal Society of London, A, 246, 317 – 400.

Schultz, E. A. and Simmons, H. B., 1957. Fresh water – salt water density currents, a major cause of siltation in estuaries. Technical Bulletin, No. 2, Communication on Tidal Hydraulics, U. S. Army, Corps of Engineers.

Simpson, J. H. and Bowers, D. G., 1981. Models of stratification and frontal movement in shelf seas. Deep – Sea Research, 28, 727 – 738.

Simpson, J. H. and Hunter, J. R., 1974. Fronts in the Irish Sea. Nature, 250, 404 – 406.

Simpson, J. H., Brown, J., Matthews, J., and Allen, G., 1990. Tidal straining, density currents and stirring in the control of estuarine stratification. Estuaries, 13 (2), 125 – 132.

Souza, A. J. and Simpson, J. H., 1997. Controls on stratification in the Rhine ROFI system. Journal of Marine Systems, 12, 311 – 323.

Uncles, R. J., Stephens, J. A. and Smith, R. E., 2002. The dependence of estuarine turbidity on tidal intrusion length, tidal range and residence time. Continental Shelf Research, 22, 1835 – 1856.

Wang, D. P. and Elliott, A. J., 1978. Non – tidal variability in Chesapeake Bay and Potomac River: evidence for non – local forcing. Journal of Physical Oceanography, 8 (2), 225 – 232.

5 泥 沙 情 势

5.1 引言

河口区悬浮颗粒物的影响主要体现在以下三个方面：①光遮蔽及相应的初级生产量；②作为污染物吸附载体；③堆积及侵蚀速率和相关的河口地貌演变，因此了解和预测河口悬浮颗粒物的浓度变化具有重要意义。

泥沙颗粒传统上用粒径 d 来分类表示：黏土 $<4\mu m$；$4\mu m<$ 粉土 $<63\mu m$；$63\mu m<$ 砂土 $<1000\mu m$；砾石和岩石 $>1000\mu m$。其中，粉土和砂土的界限可以区分黏性泥沙（颗粒之间通过电化学动力相互吸引）和非黏性泥沙。在高浓度环境下，黏性泥沙通常通过絮凝作用形成复合聚合物，从而使得沉积速度加快，并抑制从海底上升的湍流能量（Krone，1962 年）。在极端情况下，一层稀泥可能形成两相连续流。此外，黏性泥沙一旦沉淀，其固结将彻底改变河床再侵蚀速率。而只有少部分泥浆可能会严重影响无黏性砂质河床（Winterwerp 和 Van Kesteren，2004 年）。

数千年来，间冰期海平面的涨落运动塑造河口形态。而在较短的时间尺度上，海岸工程师和海岸规划人员关注河口形态的准平衡发展，包括随着涨落潮、大小潮变化引起的深度变化，并伴随季节变化、突发暴风雨和不定期的极端事件。为了有效地管理河口，我们需要了解泥沙运动的相关模式，有助于协调发展与自然趋势的关系、减少洪水或航道淤积等相关灾害性事件。

5.1.1 沉积动力学

沉积动力看似是一系列简单的过程，包括侵蚀、悬浮、搬运和沉积。然而，当受到过去和现在的动力共同影响并受化学和生物过程调整，需要同时考虑大小混杂的泥沙颗粒时，问题就变得复杂了。观测技术在测量泥沙参数过程中（例如浓度、粒径谱、通量或净冲刷量/净堆积量）的局限性加剧了问题的复杂性。

潮流和风暴流是影响河口泥沙情势的主导因素，由于波浪扰动使其在开阔浅水区的作用加强。关于潮流和波浪引起的泥沙运动机制详见文献（Grant 和 Madsen，1979 年；Van Rijn，1993 年；Soulsby，1997 年）。Postma（1967 年）描述了潮汐状态下泥沙侵蚀、沉积以及搬运的一般特征。除了粗大颗粒物，均会在侵蚀过程及其后的沉积过程之间出现几次涨落运动，使得泥沙可以在其来源之外的广泛区域沉积。由于细颗粒泥沙沉降速度慢，悬浮时间较粗颗粒泥沙长，可能会导致潮滩上细颗粒泥沙残余、深水河道中粗颗粒泥沙沉降。

5.1.2 模拟

利用模型反演泥沙特征容易受侵蚀率和沉积率经验公式的影响。河床糙率对侵蚀率和

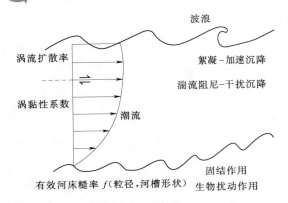

图 5.1 泥沙侵蚀、搬运和沉积过程

沉积率的影响较大。河床糙率的大小主要由河床物质颗粒组成（细颗粒或粗颗粒）和床面形态（沙纹或沙坡）决定。河床糙率、上覆潮流和波浪的垂直结构及其相关湍流情势之间的连续动态反馈使沉积过程变得复杂（图 5.1）。河床糙率在涨落潮和大小潮循环中都能发生明显变化。相应的侵蚀率和沉积率也会由于周期性涨落潮和季节更替或重大事件等原因发生明显变化。

一般来说，当河床剪切力超过河床沉积物的黏滞力时，认为会发生侵蚀过程，此时的河床剪切力称为侵蚀的临界侵蚀应力。通常假定侵蚀率和超过临界剪切力的实际剪切力部分成比例关系（Partheniades，1965 年）。相关经验公式的差异很大，相应侵蚀率有时会相差 10 倍或 10 倍以上，突出了构建鲁棒模型的难度。实际上，侵蚀应力临界值取决于粒度分布和生化调节，包括生物扰动作用和生物结合作用。发生在表层泥沙顶部 1m 左右范围内的生物扰动作用可能显著降低侵蚀临界值。相反地，表层泥沙的生物结合作用可能显著提高侵蚀临界值，尤其是在潮间带区域（Romano 等，2003 年）。侵蚀作用不仅主要取决于泥沙的物理、化学和生物组成，也受到沉积时条件和历史干预事件的影响。

泥沙颗粒的沉降取决于泥沙颗粒的粒径、密度和四周水域的湍流环境及化学作用。通常假定在静动力条件低于侵蚀临界条件时发生沉积现象，即当侵蚀率等于近床面泥沙浓度和"沉降速率"的乘积时。泥沙沉降速率可以根据泥沙密度、颗粒大小和颗粒形状来估计，或者通过沉降管进行泥沙沉降速率实验来确定。

准确模拟泥沙通量需要表层泥沙分布的初始值。在更大空间尺度和更长时间尺度上进行模拟，还需要考虑表层沉积物的序列变化，因为表层泥沙随着潮汐和波浪状态的变化（由相关测深的变化趋势和周期来表征）而做调整。在甚至更长的时间尺度上，也需要考虑平均海平面及海洋和河流泥沙来源的变化。

5.1.3 方法

该方法仅考虑由潮动力主导的易于表征的要素。集中考虑潮汐组分，有关鲁棒确定组分的理论、模型和实际观测结果可以相互对比。其解析解旨在揭示内在机制，进而优化而非替代现有复杂的数值模型。

悬浮泥沙浓度（SPM）模型依据质量守恒方程的原理：

$$\frac{\mathrm{d}C}{\mathrm{d}t} = \frac{\partial c}{\partial t} + U\frac{\partial C}{\partial X} + V\frac{\partial C}{\partial Y} + W\frac{\partial C}{\partial Z} = \frac{\partial}{\partial Z}K_z\frac{\partial}{\partial Z} - 汇 + 源 \tag{5.1}$$

式中：C 为泥沙浓度；U、V 和 W 为泥沙颗粒在 X、Y 和 Z（垂向）轴的速率分量；K_z 为垂向涡流扩散系数。

如第 2、第 3 章所述，水平对流速率 U 和 V 可以通过潮汐模型精确计算。忽略式（5.1）中的轴向和横向扩散项，但模型通常仍然具有足够的时间和空间分辨率。

本章假设侵蚀量与流速的几次幂成比例，不考虑侵蚀和沉积临界值，且允许侵蚀和沉积能同时发生。式（5.1）的解析解表明悬浮泥沙是如何受到以下 3 个参数的影响的：沉降速率 W_s、由垂向涡流黏滞系数 K_z 表征的垂直湍流位移和水深 D。这些解析解为描述确定悬浮泥沙浓度、悬浮时间、泥沙垂向分布和悬浮泥沙序列中主要潮汐分量的自然特性及换算因数提供了理论框架。

在不具备明显分层的强潮汐条件下，垂直扩散率可以通过垂向涡流黏滞系数近似表示。为了与 Prandle（1997 年）论文原稿中的符号保持一致，采用 E 代替 K_z。为了简化解析解，假设 E 在时间上和垂直方向都是常数。

5.2 节和 5.3 节提出了关于悬浮泥沙侵蚀和沉积的解析式。将悬浮泥沙侵蚀与沉积解析式纳入悬浮物浓度算式的具体数学推导过程如附录 5A 所示，并在 5.4 节中概述。5.5 节分析了对连续侵蚀循环进行积分运算的效果，并通过指数沉降速率调整用以确定悬浮物浓度的特征潮汐谱。5.6 节将上述理论的应用结果与模型结果和观测结果进行比较与检验。5.7 节认真分析了河口测深演化预测研究的最新进展。

5.2 侵蚀

潮流 $U(t)$ 引起的侵蚀量 $ER(t)$ 通常被假定为以下的形式：

$$ER(t) = \gamma \rho f |U(t)|^N; \text{当} |U(t)| > U_c \tag{5.2}$$

$$ER(t) = 0; \text{当} |U(t)| \leqslant U_c \tag{5.3}$$

式中：γ 为经验系数；ρ 为水的密度；f 为河床摩擦系数；N 为速率的指数，一般取 2~5。

当流速小于泥沙启动流速 U_c 时，不会发生侵蚀，且在强潮场景（流速超过 0.5m/s）下泥沙启动流速可以忽略。例如，对于潮流流速 $U(t) = U^* \cos \omega t$，令 $U_c = 0.5U^*$，当 $N = 4$ 时，只使得净侵蚀量降低 10%。因此，简便起见，设定 $U_c = 0$。Lavelle 等（1984 年）对式（5.2）和式（5.3）进行了类似的分析；同时对细颗粒泥沙，推测 $N = 8$，此时也忽略启动流速 U_c。Van Rijn（1993 年）认为细沙的输沙率与流速 U 的指数幂成正比例，指数倍数的选取依据波浪状态，一般介于 2.5~4。

当 $N = 2$ 时，Lane 和 Prandle（2006 年）发现，取 $\gamma = 0.0001$(m/s) 可以充分地重现默西河口（Mersey Estuary）的泥沙浓度。

5.2.1 大小潮周期

中纬度地区的潮流特征以太阴主要半日分潮（M_2）和太阳主要半日分潮（S_2）为主，其周期分别为 12.42h 和 12h（附录 1A）。尽管上述两个分潮的潮汐势比例为 1:0.46，但是沿海岸带观测到的潮汐势比例为 1:0.33（这主要是由于沿海地区除 M_2 分潮外，其他分潮均有较大的摩擦耗散）。上述两个分潮周期存在细小差别，从而普遍观测到周期为 15d 的太阴太阳半月 MS_f 分潮，并出现相关的太阴太阳浅水 1/4 日分潮。

当 $N = 2$、$U_c = 0$ 并且恒定余流流速为 U_0 时，振幅分别为 U_M 和 U_S 的 M_2 和 S_2 分潮潮流相结合造成的侵蚀时间序列如下所示：

$$(U_M \cos M_2 t + U_S \cos S_2 t + U_0)^2 = 0.5 U_M^2 (1 + \cos M_4 t)$$
$$+ 0.5 U_S^2 (1 + \cos S_4 t) + U_0^2$$

$$+2U_0(U_M\cos M_2t+U_S\cos S_2t)$$
$$+U_MU_S(\cos MS_ft+\cos MS_4t)$$

$$(5.4)$$

频率 $M_4=2M_2$、$S_4=2S_2$ 以及 $MS_4=M_2+S_2$ 均可表示 1/4 日分潮，$MS_f=S_2-M_2$ 周期为 15d。

表 5.1 列举式（5.4）中对应的分潮。为了表征各个分潮之间的相对大小，设定 $U_M=3U_S=1$（任意单位）。同时假设 $U_0\ll U_M$，最大侵蚀分潮为 Z_0、$0.55M_4$、0.5、MS_4、MS_f、0.33。

表 5.1　　　　　式（5.4）对应的侵蚀分潮振幅（$N=2$，$U_M=3U_S=1$）

$N=2$		$U_M=3U_S=1$
Z_0	$0.5(U_M^2+U_S^2)+U_0^2$	$0.55+U_0^2$
MS_f	U_MU_S	0.33
M_2	$2U_MU_0$	$2U_0$
S_2	$2U_SU_0$	$0.67U_0$
M_4	$0.5U_M^2$	0.50
MS_4	U_MU_S	0.33
S_4	$0.5U_S$	0.05

因此，当潮流主要包括 M_2 和 S_2 分潮时，侵蚀量的时间序列按影响力从大到小排列为 Z_0、M_4、MS_4、MS_f。然而侵蚀时间序列随后受到沉积相的调节，从而进一步影响悬浮泥沙浓度，如 5.5 节所示。

M_4：MS_4 的侵蚀振幅比为 U_M：$2U_S$；如此，这两个分潮在潮周期中的相对相位会显著影响时间序列的表观特征。这两个分潮在大潮期相位一致，显现出明显的 1/4 日变量。相反地，在小潮期相位相反，通常形成主半日分潮，这种情况可能会被错误解释为主全日潮或水平对流影响。

U_0 的影响。从表 5.1 可以看到，与 U_0 有关的两大分潮是 M_2 和 S_2。当 $U_0=0.25U_M$ 或 $U_0=0.75U_S$ 时，分潮 M_2 和 S_2 与 M_4 相等。

5.2.2 浅水断面的侵蚀量

2.6.3 节表明，为通过三角形断面［其平均深度为 D、高程为 $\varsigma^*\cos(\omega t-\theta)$ 保持太阴主要半日分潮（M_2）的连续通量 $U^*\cos(\omega t)$］，需要通过以下公式计算频率为 M_4 和潮流 Z_0 的潮流：

$$U_2=-aU^*\cos(2\omega t-\theta)$$
$$U_0=-aU^*\cos\theta$$

$$(5.5)$$

其中
$$a=\varsigma^*/D$$

假设侵蚀量与速率的平方成正比，通过以下频率计算侵蚀组分：

$$[U^*\cos(\omega t)-aU^*\cos(2\omega t-\theta)-aU^*\cos\theta]^2$$
$$=U^{*2}\{[0.5(1+a^2)+a^2\cos^2\theta]\}-a[\cos(\omega t-\theta)-2\cos\theta\cos\omega t]$$
$$+0.5\cos(2\omega t)+2a^2\cos\theta\cos(2\omega t-\theta)-a\cos(3\omega t-\theta)$$
$$+0.5a^2\cos(4\omega t-2\theta)$$

$$(5.6)$$

由于 a 在浅水、强感潮河口环境下数值接近 1，Z_0、M_2、M_4、M_6 和 M_8 等上述所有频率中都会出现显著分潮。

5.2.3 对流效应

对于任一固定位置，对流会构成泥沙的源或汇。与泥沙局部再悬浮情况相比，对流效应造成的潮汐特征明显不同，如下所示：

单纯考虑对流源，式（5.1）可以简化为：

$$\frac{\mathrm{d}C}{\mathrm{d}t}=-U\frac{\partial C}{\partial X} \tag{5.7}$$

其解为：

$$C=-\frac{U^*}{\omega}\sin\omega t\frac{\partial C}{\partial X} \tag{5.8}$$

其中潮流组分 $U^*\cos\omega t$ 和水平梯度常数 $\partial C/\partial X$。

潮流、泥沙补给、水深存在空间非均质性时，$\partial C/\partial X$ 可能获得有效值。影响悬沙浓度的分潮与相关分潮的潮流振幅和周期的积成比例关系，相对潮流存在 $90°$ 的相移。

5.3 沉积

5.3.1 对流沉降和湍流悬浮（佩克莱特数）

泥沙淤积或沉降与以下两种因素有关：稳定的对流沉降（沉降速率 W_s）以及通过"湍流"与床面间歇性接触。其中湍流运动利用纵向分散系数 K_Z 进行表征，这里 K_Z 用 E 替代。近床面的特定条件决定泥沙的挟沙或"捕获"率。

对流运动（利用沉降速率 W_s 表征）和扩散运动（利用 E 表征）的相对重要程度通过对应的时间常数进行估计。在对流过程中，泥沙从河流表面下降到河床所需要的时间是 $T_A=D/W_s$，而在扩散过程中，将河床被侵蚀的泥沙垂直混合所需要的时间是 $T_E=D^2/E$（Lane and Prandle，1996 年）。因此，对流沉降和湍流扩散悬浮的时间尺度比例为 E/DW_s，即表示垂直混合的佩克莱特数（Peclet number）。佩克莱特数（Peclet number）与劳斯数（Rouse number）成反比例。在浅水、强感潮水域，没有明显分层，垂向涡动黏性系数和垂向涡流扩散系数在时空尺度上近似为常数，通常如下表示（Prandle，1982 年）：

$$K_Z=E=fU^*D \tag{5.9}$$

式中：f 为河床摩擦系数，近似取 0.0025；U^* 为潮流振幅；则佩克莱特数（Peclet number）为 fU^*/W_s。

假设式（5.1）中轴向和横向均质性不考虑对流运动相关项。即悬浮泥沙的"单点"垂向分布可以通过以下扩散方程表示：

$$\frac{\partial C}{\partial t}+W_s\frac{\partial C}{\partial Z}=E\frac{\partial^2 C}{\partial Z^2}-sinks+sources \tag{5.10}$$

式中，垂直速率（速率较小时）W 用泥沙沉降速率 W_s 代替。

5.3.2 底部边界条件

基于式（5.10），悬浮泥沙数值模拟的主要难点在于近河床处条件的表述，E 和 W_s（絮凝作用）的变化梯度很明显，从而密度梯度也很显著。附录 5A 表明，假定沉降比例为 W_sC_0，数值大小为高斯垂直输沙分布相关数值的两倍；在高斯垂直输沙分布中，扩散作用产生的效果能抵消对流沉降效应的一半。

本章解析解的应用避免了数值解中对近河床区域边界条件进行精确离散的敏感性。然而，悬浮颗粒与河床相撞反弹或者沉淀的比例仍然存在一定的问题。Sanford 和 Halka（1993 年）对备选底部边界条件进行了综合分析。

附录 5A 对以下三种边界条件进行了分析：

［A］完全反射河床。通过沉积率为 $0.5W_sC_0$ 的对流沉降产生的泥沙沉积。泥沙颗粒与河床分散碰撞后反弹。

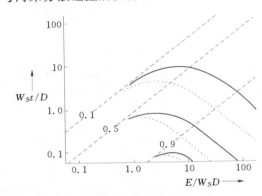

图 5.2 W_{st}/D 对应时刻的悬浮泥沙量
（W_{st}/D 是 E/W_sD 的函数）

注 ［A］类底部边界状态：短划线；［B］类底部边界状态：点线；［C］类底部边界状态：实线。

［B］充分吸附河床。条件同［A］，不同之处在于：所有泥沙颗粒经分散碰撞后沉积。

［C］与 A 类相似，不同之处在于：以前从河床反弹的泥沙颗粒通过扩散作用重新沉降，该种情况通常取近似值，介于［A］和［B］之间。

上述三种边界条件对沉积率的影响如图 5.2（Prandle，1997 年）所示。

当 $E/DW_s<1$，图 5.2 和附录 5A 表明，沉积率为 $0.5W_sC_0$ 时三种边界条件的沉积率相同。

当 $E/DW_s>1$，三种边界条件的沉积率相差很大。对于边界［B］和边界［C］，最大浓度出现在 $1<E/DW_s<10$。对［C］类底部边界条件，本章采用中间值近似表示。

5.4 悬沙浓度

5.4.1 泥沙浓度分布的时间序列

附录 5A 表明，对于 C 类河床边界条件，与量级为 M 的侵蚀事件有关的泥沙浓度分布时间序列采用下式所示：

$$C(Z,t)=\frac{M}{(4\pi Et)^{1/2}}\left[\exp-\frac{(Z+W_st)^2}{4Et}+\exp-\frac{(2D+W_st-Z)^2}{4Et}\right] \tag{5.11}$$

实测时间序列是时间点之前发生上述事件的时间累积结果，详见 5.5 节。

在目前的一般理论中，通过平均水深浓度推导沉积量计算公式比较简便。从式（5A.4）和式（5A.7）可以得到以下公式：

$$\frac{C_{Z=0}}{\overline{C}}\approx\frac{D}{\sqrt{\pi Et}}\frac{\exp\left(-\frac{W_s^2t^2}{4Et}\right)}{1-\left(-\frac{W_s^2t^2}{4Et}\right)^{1/2}}\approx\frac{D}{\sqrt{\pi Et}} \tag{5.12}$$

从而，当沉积率与平均水深浓度相关时，沉积率的表达形式从原来的 $W_sC_{Z=0}$ 变换为 $0.56W_s\left(\dfrac{D}{E}\right)^{1/2}(\overline{C}/t^{1/2})$。

5.4.2 指数沉积、悬浮泥沙的半衰期（t_{50}）

初始悬浮浓度为 C_0 时的沉积量通过指数损耗率 $C_0 e^{-at}$ 近似表示，从而简化连续潮周期中侵蚀、沉积时间序列的解析表达式。上述指数型衰减率对应悬浮泥沙的半衰期 $t_{50} = 0.693/a$。

当 $E/W_s D < 1$ 时：

如附录 5A 中式（5A.7）和图 5.2 所示，仍处于悬浮状态的泥沙量 FR 近似表示如下：

$$FR = 1 = 0.5 \left(\frac{W_s^2 t}{E} \right)^{1/2} \tag{5.13}$$

$FR = 0.5$ 时，若式（5.13）等于 e^{-at} 则需满足以下条件：

$$a = 0.693 \frac{W_s^2}{E} \tag{5.14}$$

当 $E/W_s D > 1$ 时：

采用〔C〕类河床底部边界条件，附录 5A 给出的悬浮泥沙半衰期 $t_{50} = 0.693/a$ 时的表达式，即沉积率达到 50% 时需要的时间等于：

$$a = \frac{0.1E}{D^2} \tag{5.15}$$

为运用式（5.14）和式（5.15），将图 5.2 所示结果进行简单的曲线拟合从而实现两个公式计算结果的连续性。参数 a 的近似估计如下：

$$a = \frac{0.693 W_s/D}{10^x} \tag{5.16}$$

x 是下列方程的根：

$$x^2 - 0.79x + j(0.79 - j) - 0.144 = 0 \tag{5.17}$$

其中
$$j = \log_{10} E/W_s D$$

假定沉降速率 W_s 和泥沙颗粒直径 d 之间的关系如下：

$$W_s = 10^{-6} d^2 \tag{5.18}$$

图 5.3 表明，悬浮泥沙半衰期作为潮流振幅和水深之间的函数，$W_s = 0.005$ 和 $W_s = 0.0005$（即泥沙颗粒直径分别为 $d = 71\mu m$ 和 $d = 22\mu m$）时对应的悬浮泥沙半衰期。对于砂砾，在水流缓慢的浅水环境中，其悬浮半衰期为 1min，而在强感潮的深水环境中长达 2h；对于粉沙，在浅水环境中悬浮泥沙半衰期为数小时，而在深水环境中长达 2d。

如图 7.6 所示，对于"同步河口"较多采用动力学方法，表明砂砾的 a 值介于 $10^{-3} \sim 10^{-2} \mathrm{s}^{-1}$，与 $10 \sim 1min$ 的 t_{50} 相对应；粉砂和黏土的 a 数值介于 $10^{-6} \sim 10^{-4} \mathrm{s}^{-1}$，与 $200 \sim 2h$ 的 t_{50} 相对应。

对于细颗粒泥沙，悬浮半衰期几乎均为 6h 或以上。这表明河口泥沙情势主要受海相泥沙调节，海相泥沙将保持近乎连续的悬浮状态，且具备盐等连续悬浮示踪剂的特征。

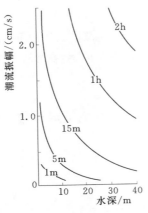

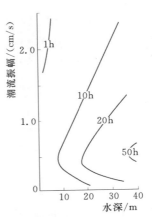

（a）沉降速率 W_s＝0.005m/s（砂砾）　　（b）沉降速率 W_s＝0.0005m/s（粉砂）

图 5.3　悬浮颗粒物（SPM）［函数 $f(D, U^*)$］的半衰期（t_{50}）

注　t_{50}＝0.693/a，a 由式（5.16）推出。

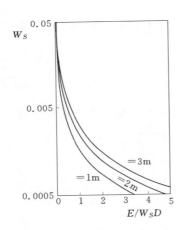

图 5.4　沉降速率 W_s(m/s) 与
E/W_sD 函数关系图（水深
D＝8m、潮位振幅
ς^*＝1m、2m、3m)

为了进一步阐述参数 E/W_sD 的特征和意义，利用公式（2.19）建立潮流振幅 U^* 和潮位振幅 ς^* 之间的关系。图 5.4（Prandle，2004 年）表明了水深 D＝8m、潮位振幅 ς^*＝1m、2m、3m 时 W_s 和 E/W_sD 的关系。

该图表明 E/W_sD≈1 分界线和 1mm/s 量级的沉降速率相一致，或根据式（5.18），自 d＝32μm 始相一致，同时表明当颗粒直径在 20～200μm 时，E/W_sD 的波动范围为 0.1～10。因此，根据图 5.2，通过公式（5.16）近似表示 α 目前已经广泛采用。

5.4.3　悬浮泥沙的垂向分布

如附录 5A 所示，当 E/W_sD＜0.3 时，不到 1‰的泥沙颗粒能到达海水表层，而当 E/W_sD＞10 时，悬浮泥沙在垂直方向上充分混合。因此，综合考虑上述全部取值范围，黏土在垂直方向上始终混合较好，而砂砾在潮速振幅 U^*≤0.5m/s 时，局限于近河床区域。同样的，对于粉砂来说，当 U^*≤0.5m/s 时，整个水柱中存在明显的垂直结构。

Prandle（2004 年）利用式（5.12）对 $e^{-\beta z}$ 剖面进行数值拟合，对悬浮泥沙浓度的垂直结构进行连续函数表征（z 为距离河床的铅直高度）。β 的求值公式如下：

$$\beta=\left[0.91\log_{10}\left(6.3\frac{E}{DW_s}\right)\right]^{-1.7}-1 \tag{5.19}$$

图 5.5（a）（Prandle，2004 年）给出 E/DW_s 在 0～2 时的 β 取值，图 5.5（b）给出泥沙剖面 $e^{-\beta z}(1-e^{-\beta})/\beta$ 的对应取值：当 E/DW_s＞2 时，悬浮泥沙的垂直混合效果很好，推移质只出现于 E/DW_s＜0.1 时（根据平均水深值，将浓度剖面标准化）。

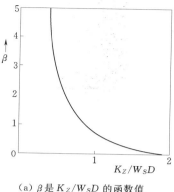

（a）β 是 K_Z/W_SD 的函数值

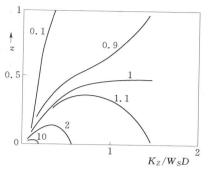

（b）剖面图：部分平均水深的浓度
等值线图，表层为 $z=1$

图 5.5　浓度分布和 β 值［通过 $\mathrm{e}^{-\beta z}$ 计算浓度分布、通过剖面公式（5.19）计算 β 值］

5.5　连续潮流周期中的悬浮泥沙时间序列

与侵蚀有关的浓度 $C(t)$ 是时间 t' 从 $-\infty$ 到 t 的累积结果，由于受指数衰减系数 $-\alpha C$ 的影响，以 $\cos\omega t$ 的速率呈正弦变化，如下式所示：

$$C(t)=\int_{-\infty}^{t}\cos\omega t'\mathrm{e}^{-a(t-t')}\mathrm{d}t'=\frac{a\cos\omega t+\omega\sin\omega t}{a^2+\omega^2} \tag{5.20}$$

因此，结合公式（5.2），对于任一侵蚀分量 ω，其浓度 C_ω 为：

$$C_\omega=\frac{\gamma f\rho[U^N]_\omega}{D(\omega^2+a^2)^{1/2}} \tag{5.21}$$

其中，$[U^N]_\omega$ 是 $N=2$、频率为 ω 时的侵蚀振幅，如表 5.1 所示。

因此，在泥沙来源项扩展过程中，任何分潮产生的侵蚀量受指数衰减率调节，指数衰减率包括振幅衰减 $(a^2+\omega^2)^{-1/2}$ 和相位滞后 $\arctan(\omega/\alpha)$。图 5.6（Prandle，1997 年）描述出式（5.20）给出的响应函数（a 和 ω 取值范围为 $10^{-7}\sim10/\mathrm{s}$）。当 $\alpha\gg\omega$ 时，不存在相位滞后，响应振幅只与 $1/a$ 成正比；相反的，当 $\omega\gg\alpha$ 时，相位滞后 90°，且振幅衰减量只与相位滞后对应的周期成正比。

因此，对于紧邻河床中侵蚀的同量砂砾（$\alpha\sim10^{-3}/\mathrm{s}$）和粉砂与黏土（$\alpha\sim10^{-6}/\mathrm{s}$），悬浮砂砾的潮流信号振幅比总是远远小于

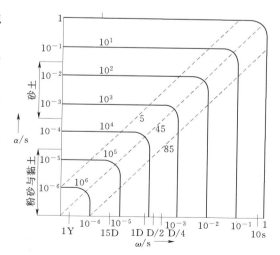

图 5.6　沉积率 $\mathrm{e}^{-\alpha t}$、循环频率 ω 时单位
侵蚀量的浓度振幅

实线为相对振幅；虚线为 SPM 与侵蚀量的相位滞后

粉砂与黏土。

对于粉沙与黏土，悬浮颗粒物（SPM）的分潮振幅比由以下两个要素的乘积得到：①表5.1给出的比率；②相关潮汐周期持续时间。振幅与a（在上述范围内）的取值无关。同样，对于粉沙和黏土，在1/4日潮流带到日潮流带存在90°相位滞后。因此，利用潮汐周期对表5.1中的振幅进行分解，认为MS_f（周期15d）为主导，其后是M_4和MS_4。其中，MS_f相位值达90°，表明相关的悬沙浓度最大值出现在最大潮流后的3.5d。相反的，M_2和S_2相位值接近0，表明悬沙浓度最大值和潮流最大值同相。

$\omega \gg \alpha$时，通过潮流频率相关的ω/α分解Z_0分潮因子。因此，利用Z_0/MS_f可以估算α值，其中，Z_0/MS_f比例基于实测数据及表5.1、式（5.20）中的数据计算。

5.6　悬浮颗粒物（SPM）的实测和模拟时间序列

5.6.1　观测技术

实测数据对于SPM模型的构建与评估非常重要。原位浓度通常采用声学、光学和机械化技术进行监测。声学后散射（ABS）探测提供垂向浓度剖面，多频探测通常对同一位点收集泥沙粒度信息。水泵取样、瓶和泥沙捕获器等机械装置也被采用。原位激光粒度仪的最新进展能通过非侵入方式提供粒子谱的有效信息（机械采样器会削弱这些光谱）。

可用的实测数据仍然存在基本缺陷，即①从传感器单元到集中器的校准，涉及光学和声学传感器对粒径谱的复杂敏感性和遥感传感器对大气修正及太阳角度影响的复杂敏感性；②粒径谱无法解译；③时空范围有限，无法完全反映泥沙分布的非均匀性。

在散射光和声波反散射探测过程中，原位浓度测量的空间分辨率通常受限于光学后向散射器和声学后向散射器的单点（或有限剖面）数值，同时还受限于卫星或飞机传感器的表层数值。Gerritsen等（2000年）分析了避免上述缺陷的技术，比如：利用表面图像的空间分布来验证模型。

每种仪器都有其自身的校准特性。此外，校准情况随着平均颗粒粒径的变化而变化。光学器件的校准情况取决于光的透射与反射（光学后向散射器）。由于该类仪器的分析结果取决于颗粒表面面积，对细颗粒泥沙更加敏感。因此，观测浓度需要依据主要颗粒半径进行校正。片状絮凝体会使得校准过程更加复杂。

相反的，声学后向散射（ABS仪器频率范围内）的探测结果会随着颗粒体积增大而增大，因此，此类仪器对粗颗粒泥沙更加敏感。光学仪器也会受到污染，超过一定浓度使用该类仪器可能存在困难。

利用（表层）悬浮颗粒物浓度的卫星图像与模型模拟结果相结合，从而推断离散泥沙来源的数量。航空监测利用多波长影像可以区分以下两种物质的反射率：与叶绿素相关的悬浮颗粒物（SPM）和各种沉积物粒组。然而，大气修正部分依赖于原位校准。

在更长的时间尺度，沉积物岩芯（精确选取位置相当重要）可以通过季节性条纹、特定物质（反射性核素、Pb-210等）、各种自然化学信号或生物化石记录确定年代

（Hutchinson 和 Prandle，1994 年）。这些技术的应用范围迅速扩展，有助于获取地理种源和对应年龄信息。光探测与测量（LIDAR）和合成孔径雷达（SAR）测量都可以用来确定水深演化序列。

5.6.2 实测时间序列

图 5.7（Prandle，1997 年）给出三个案例，表明悬浮泥沙与潮汐速率的同步时序记录。表 5.2 列出上述观测值的潮汐分析结果。选择这三个案例用以说明潮汐为主因的条件，并与平静天气条件相符。多佛尔海峡（Dover Strait）是高（潮汐）能区域，30km 宽，高达 60m 深，将北海（North Sea）与英吉利海峡（English Channel）连接在一起，潮流速度超过 1m/s。默西河口（The Mersey Estuary）属于浅水河口，水深低于 20m，潮高可以达到 10m；上述给出的测量结果是在宽 1km、长 10km 的狭窄入口通道进行测量得到的（Prandle 等，1990 年）。霍尔德内斯海滨（Holderness）的测量是在距离侵蚀迅速的狭长海岸线 4km 处（岸线长、侵蚀快）进行的。多佛尔海峡（Dovor Strait）和默西河口（Mersey Estuary）的泥沙记录使用了透射计，霍尔德内斯海滨（Holderness）的泥沙记录使用了 OBS。

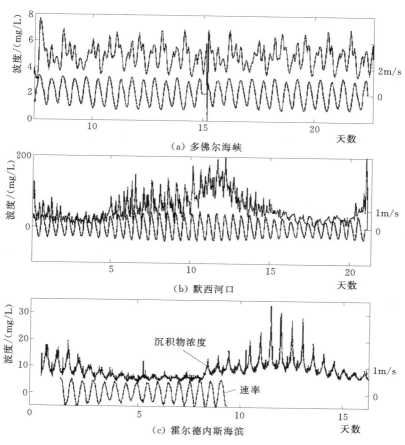

图 5.7 实测 SPM 和潮流时间序列

表 5.2 实测潮流和 SPM 的分潮组成

常数	平均值	振幅/(m/s)；(mg/L)					相位/(°)				
		MS_f	M_2	S_2	M_4	MS_4	MS_f	M_2	S_2	M_4	MS_4
多佛尔（Dover）											
U^*	−8.1	10.2	92.2	24.7	10.8	3.2	90	0	0	76	81
SPM	4.21	0.98	0.25	0.27	0.39	0.23	41	96	158	352	354
%	100	23	6	6	9	5					
霍尔德内斯（Holderness）											
U^*	−0.6	1.2	49.6	17.6	0.9	1.5	62	0	0	357	341
SPM	8.75	3.39	2.03	1.26	0.69	0.78	16	44	70	118	121
%	100	39	23	14	8	9					
（默西）Mersey											
U^*	−0.8	1.8	60.6	19.9	11.5	7.0	32	0	0	234	274
SPM	61.5	40.6	12.9	6.3	13.4	10.7	19	28	25	20	11
%	100	66	21	10	22	17					

注 1. 潮流：m/s，SPM：mg/L，M_2、S_2 相位调整为 0°。

2. 来源：Prandle，1997 年。

在上述三种情况下，结合式（5.4）和式（5.21）预测，发现 MS_f 分潮最大。利用上述理论得出潮流−SPM 的振幅比和 MS_f 的相位滞后情况，Prandle（1997 年）推导出以下 α 值：多佛尔海峡（Dover Strait），$-3\times10^{-6}/s$；霍尔德内斯海滨（Holderness），$-2\times10^{-5}/s$；默西河口（Mersey），$-2\times10^{-5}/s$。Jones（1994 年）等指出多佛尔海峡泥沙分布的谱峰所对应的沉降速率为 10^{-4} m/s。默西河口（Mersey）和霍尔德内斯海滨（Holderness）可能会包含更多的粗颗粒泥沙。

在上述三种情况下，分潮 M_2 或 M_4 仅次于 MS_f。同样的，所有分潮的相位值（与相关的潮流值比较）一般在 0～90°。然而，由于相关颗粒物的沉降速率、光谱宽度、泥沙的有限供给、对流运动和浓度垂直变化等因素，使观测值和相关理论之间的精确对应关系变得复杂。

默西河口（Mersey Estuary）的悬浮泥沙平均浓度比多佛尔海峡（Dover Strait）高一个数量级，而霍尔德内斯海滨（Holderness）的悬浮泥沙平均浓度介于两者之间。因此，表明多佛尔海峡（Dover Stait）的泥沙来源有所限制；此外，分潮 M_2 的相位关系表明存在显著对流现象。

5.6.3 模拟时间序列

图 5.8（Prandle，2004 年）显示了潮汐河口区与典型大小潮循环对应的悬浮颗粒物（SPM）模拟值，该模拟中的悬浮颗粒物（SPM）与局部再悬浮相关，且 $E=K_z=0.1W_sD$ 以及 $E=K_z=10W_sD$。$E=0.1W_sD$ 时，颗粒基本无法到达表层，悬浮半衰期很短，主要发生在 1/4 日分潮期间。相反的，$E=10W_sD$ 时，颗粒在整个水柱中平均分布，悬浮半衰期延伸，增强了与 M_4 相关的 MS_f 分潮。

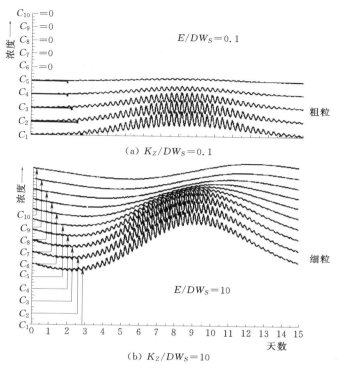

图 5.8 大小潮循环中的 SPM 模拟值

（$Z^{1/2} = 0.05 \sim 0.95$ 的对应浓度 C_1、C_2、…、C_{10}）

高分辨率 3D 河口潮汐传播模型能够可靠、准确的模拟水位和流量，但受到测深测量的准确性和分辨率不足的限制。同时，最新研究发现，潮流动力与涡流闭合模块的耦合研究进展为潮流结构的详细分析提供了技术支撑。然而，在模拟悬浮颗粒物（SPM）通量时出现以下不确定性问题：①表层泥沙分布信息欠缺；②侵蚀-沉积过程的内在复杂性，尤其是絮凝作用的影响；③用于率定和检验的实测数据数量有限。联系河床应力和侵蚀率的算法很多，但是无法考虑全部因素，如河床物质组成或生化影响。同时，在高浓度条件下（近河床），泥沙颗粒之间相互作用（絮凝作用和干扰沉降），改变了河流动力条件和较大范围的泥沙条件。

河口悬浮颗粒物（SPM）长期模拟存在的最大问题是确定泥沙来源：内部泥沙、海岸带泥沙、河流携带和有机物携带。除了忽视表层沉积物的特性及分布，缺乏悬浮泥沙的粒径分布信息是主要的不足。利用飞机监测提供的（海洋表层）悬浮颗粒物（SPM）分布信息，经由同化技术，有助于解决该问题。虽然大范围、长序列的模型模拟可以使上述泥沙来源相互联系，泥沙事件的具体顺序需要重新生成，从而存在累计误差。

最终目标是理解测深结果与潮流、波浪和平均海平面之间的形态平衡演变过程。由于涉及模拟值空间散度的净时间集聚，模拟长期的静测深演化非常困难。模型需要生成接近于零的净沉积量和侵蚀量，从而构建严格的标准。普遍认为：利用原始方程（自下而上）模型进行推断受到很大限制。可以说，这些模型应仅用于向前几年期间的侵蚀和沉积路径和可能性。通常采用地貌模型（自上而下）做进一步的分析，并根据海岸运动的地质学证据推导地貌的平衡规律。自底而上类型的模型可用于检验某一特定河口通过自上而下模型模拟规则的有效性。

前面所述监测技术、模拟技术和相关理论发展需要多学科交叉和国际合作。长期进行河口观测并利用近乎全尺寸的大型渡槽开展基础研究，其价值显而易见。其数据需要确保质量，并实现系统存储、便捷分发。此外，与模型需求和性能完全耦合的一系列仪器和平台相互协作，形成长期综合观测网络具有很大意义。最终实现稳健便携的 SPM 模型依赖于可以利用的大量河口的大批数据，即不同纬度、规模尺度、地质类型和环境暴露程度的河口区并行运算。

5.7 小结及应用

对于强感潮河口，综合分析侵蚀、悬浮和沉积过程推导出解析解，用来描述悬浮泥沙的时间序列及其垂直结构。相关的换算因数表征对泥沙种类、潮流速度和水深的敏感性，有助于了解和分析根据实测资料或数值模拟获取的泥沙情势。

本章拟解决的最主要问题：河口动力如何对悬浮泥沙的光谱起决定性作用？

对河口泥沙情势的最大影响涉及测深演化。至于生态影响则包括：①细颗粒泥沙吸附的污染物的传输；②高浓度悬浮泥沙对光线的遮挡。地质学家研究上百万年的形态演变，地貌学家分析上千年的形态演变。相反的，海岸工程师关注的是极端"事件"或者"干扰"产生的即时影响、平均海平面变化的年代际响应以及其他长期变化趋势。第 7 章介绍了当前的形态平衡和末次冰期以来平均海平面的历史变化之间的联系。

有关输沙，最早的工程研究涉及在灌区和航道的单向水流中保持水深平衡。相比较而言，在不稳定的强感潮区域，其显著特征之一就是沙嘴、深坑、潮间带等测深特征会持续数十年并在极端事件或者干扰之后重新出现。

跟潮高、潮流、盐度相比，悬浮泥沙呈现高度变异性，包括：①粒径大小，从细颗粒泥沙到粗颗粒泥沙其粒径分别为黏土$<4\mu m$、粉砂$<60\mu m$、砂土$<1000\mu m$、砾石；②时间变化，从涨潮到退潮、从小潮到大潮、从平静状态下到暴风雨状态，伴随水位、流速、波浪和河流的极值变化；③空间变化，包括垂向、轴向和横向。即使测量 SPM 浓度时不存在技术难点，仅相距数米的测点其状态呈现巨大差异，反映测点状态对水深、潮流速度、波浪、湍流强度、表层泥沙分布及其伴随河床特征的敏感性。

鉴于上述固有变异性，目前的技术方法使用范围有限，重点考虑强感潮区域的一阶效应。一阶效应表示沉积动力学中易于处理的部分，包括浓度变化呈对数比例，并利用稳健性潮汐特征。如进一步从更为宽泛的角度分析，需要考虑其他很多特征，例如细颗粒泥沙的化学性质（Partheniades，1965 年）、近床面水动力和粗颗粒泥沙的相互作用（Soulsby，1997 年）、波-流相互作用（Grant and Madsen，1979 年）以及床面特征的影响（Van Rijn，1993 年）。对此，Davis and Thorne（2008 年）和 Van Rijn（2007 年）进行了系统分析和总结。

Postma（1967 年）强调河口区某一点的侵蚀与其随后的滞后沉降分开的重要性，沉降位置可以如潮程一样远。因此，本章力求确定代表性的滞后值，并通过悬浮泥沙半衰期 t_{50} 概述。本章没有采用传统的划分方法，即根据速率阈值或河床应力阈值区分侵蚀期和沉积期，而是构建了侵蚀、悬浮和沉积同步过程的单点解析解。同样，对大批复杂的侵蚀和沉积公式进行简化，其中侵蚀量与潮流速率的幂有关；沉积与平均深度浓度和悬浮半衰期指数乘积相关。

假定涡流扩散系数 K_z 和涡流黏滞系数 E 的估计值为 $K_z = E = fU^*D(3.23)$，上述解析解表示如何用无量纲参数 E/W_sD［如图 5.4、式（5.5）和式（5.8）所示］综合表示泥沙运动的必要比例缩放（其中 f 为河床摩擦系数，D 为水深，U^* 为潮流振幅，W_s 为泥沙沉降速率）。湍流扩散（参数 E）通过随机垂向震荡使得颗粒悬浮，而沉降速率 W_s 表征稳定对流沉降。一个颗粒通过扩散作用在垂直方向混合所需要的时间是 D^2/E，垂直对流需要的时间是 D/W_s。因此，$E : W_sD$ 反映对流沉降引起的沉积与垂向扩散引起的沉降之间的相对时间。

5.7.1　泥沙悬浮

当 $E < 0.1W_sD$ 时，泥沙颗粒被困在近床面区域；当 $E > 10W_sD$ 时，颗粒在整个水柱中均匀分布（图 5.8）。各个粒径泥沙颗粒的沉降速率近似表示如下：砂土，$W_s = 10^{-2}$ m/s；粉砂，$W_s = 10^{-4}$ m/s；黏土，$W_s = 10^{-6}$ m/s。一般来说，砂土主要集中在近床面区域，黏土在垂直方向混合充分，粉砂存在明显的垂直结构。假定泥沙浓度剖面分布为 $e^{-\beta z}$，根据 E/W_sD 求得 β 的计算公式（5.19）。对应的垂直分布情况如图 5.5 所示。

5.7.2　沉积

沉积率用函数 $Ce^{-\alpha t}$ 表征，其中 α 表示指数沉降率。

当 $E \ll W_sD$ 时，沉积由对流沉降引起，速率为 $(1/2) W_sC_0$，$\alpha = 0.7W_s^2/E$。部分沉积率由 $(1/2)[(W_s^2 t)/E]^{1/2}$ 决定，即超过 $0.04E/W_s^2$ 时，沉积率取 10%；超过 E/W_s^2 时，沉积率取 50%；超过 $3.2E/W_s^2$ 时，沉积率取 90%（附录 5A）。

当 $E \gg W_sD$ 时，沉积量与 W_s 无关，而取决于垂向扩散系数的量级和精确的近河床条件。选择适当的底部边界条件，求得 $\alpha = 0.1E/D^2$，如式（5.15）。

当 $EQ \rightarrow W_sD$ 时，平均悬浮时间趋于最大值，因此，泥沙平均浓度和净传输量将会增加。7.3.1 节表明当 $W_s = 1$mm/s 时出现该条件，即粒径 $d = 30\mu$m。

方程（5.17）给出全部 E/W_sD 取值范围内 α 的连续函数表达形式。

5.7.3　SPM 的潮汐谱

通过整合上述连续潮汐周期的悬浮颗粒物（SPM）浓度解析方程，计算悬浮泥沙的光谱，如式（5.20）所示。其光谱特征由指数沉降速率 α 和侵蚀潮流频率 ω 的比值决定，如图 5.6 所示。当 $\alpha > 10\omega$ 时，悬浮泥沙潮幅与 $1/\alpha$ 成正比例关系，悬浮颗粒物（SPM）与潮流不存在相位滞后问题；而当 $\omega > 10\alpha$ 时，振幅与潮流周期 $1/\omega$ 成正比例关系，SPM 与潮流之间存在 90° 相位滞后。

根据式（5.18）和图 5.3，对于砂土，存在 $10^{-2}/s > \alpha > 10^{-3}/s$ 并且 1m $< t_{50} <$ 10m，因此，满足第一种条件，且所有潮流频率的振幅响应大大减少。

对于粉砂和黏土，存在 $10^{-4}/s > \alpha > 10^{-6}/s$ 和 2h $< t_{50} <$ 200h。由于主要分潮 $\omega \geqslant 10^{-4}/s$，

其周期性振幅响应相对不受 α 值影响，但与潮周期成正比例关系，从而造成更长周期分潮的增强。在粒径分布较广、侵蚀泥沙充足的地方，距离近床面区域较远处的悬浮泥沙时间序列可能以粉砂-黏土为主。

不存在明显余流的情况下，以 M_2-S_2 分潮为主导的潮汐环境中侵蚀时间序列将会出现显著的 M_4、MS_4、MS_f、Z_0 等频率组分［式（5.4）和表 5.1］。侵蚀时间序列中的后四个分潮组分是由潮流 M_2 和 S_2 非线性组合而成，而不是由于上述四个偶发分潮的潮流振幅（通常较小）引起。M_4、MS_4 分潮的振幅相似可能会减弱小潮期间 1/4 日周期信号（此时其相位相反），由此半日周期泥沙信号增强，可能会被错误解释为存在水平对流或者大的日周期分潮。如同在强感潮浅水区域，当"余流"增强到 M_2 振幅的 10% 时，悬浮泥沙时间序列包含 M_2 和 S_2 组分，其量级与所述 M_4、MS_4、MS_f 的悬浮泥沙时间序列的量级相当。对于大潮-小潮周期，当 $E > W_s D$ 时，悬浮泥沙浓度的峰值一般会出现在潮流最大值后 2～3d。

综上所述，如表 5.1 和图 5.6 所示，该理论说明如何对应模拟生成的潮流谱调整 SPM 观测值中的潮汐谱（表 5.2 和图 5.7）。实测数据的振幅比和相位滞后信息能用于推断主要泥沙类型的性质和局部再悬浮与对流的相对作用。

附录 5A

5A.1　泥沙悬浮的解析表达式

综合考虑侵蚀至沉积的整个过程，取得泥沙悬浮的时间顺序表达式，其函数变量分别为：沉降速率 W_s、垂向扩散系数 E 和水深 D。

5A.2　扩散方程

假定悬浮泥沙分布可以通过扩散方程进行描述；此外，目前该方程仅考虑水平方向 X 的运动情况。由此，式（5.1）给出浓度 C 的变化率，如下所示：

$$\frac{\mathrm{d}C}{\mathrm{d}t} = \frac{\partial C}{\partial t} + U\frac{\partial C}{\partial X} + W\frac{\partial C}{\partial Z} = \frac{\partial}{\partial Z}E\frac{\partial C}{\partial Z} - 汇 + 源 \tag{5A.1}$$

式中：t 为时间；U 为水平流速；W 为垂向速率；Z 为距离河床的垂直距离；E 为垂向扩散系数。此处不考虑水平扩散，假定 E 在时间上和垂向上均为常数。

因此方程（5A.1）可以简化为以下形式：

$$z = \frac{Z}{D}, w = \frac{W}{D}, e = \frac{E}{D^2}$$

式中：D 为水深，$z=0$ 表示河床，$z=1$ 表示水面。假定水平方向浓度均匀，即 $\frac{\partial c}{\partial x}=0$，则方程（5A.1）可以写成

$$\frac{\partial C}{\partial t} + \omega\frac{\partial C}{\partial z} = e\frac{\partial^2 C}{\partial z^2} - 汇 + 源 \tag{5A.2}$$

设方程（5A.1）中的垂向速率 W 等于沉降速率 $-W_s$，则方程（5A.2）可以用于描述颗粒物质的运输情况。

5A.3 解析解

Fischer（1979 年）等发现，在速率为 W 的水流环境中，在 $Z=0$、$t=0$ 处释放质量为 M 的示踪剂，其扩散通解如下：

$$C(Z,t)=\frac{M}{\sqrt{4\pi Et}}\exp-\frac{(Z-Wt)^2}{4Et} \tag{5A.3}$$

为简化起见，引入变量 $t'=W_s t$ 和 $z'=z+W_s t$。则方程（5A.3）可以简化，从而 z' 处的浓度如下所示：

$$C(z',t)=\frac{M}{D\sqrt{4\pi\frac{e}{W_s}t'}}\exp\left(\frac{-z'^2}{4\frac{e}{W_s}t'}\right) \tag{5A.4}$$

由于（Fischer 等，1979 年），

$$\int_0^z e^{-z^2}\,dz=\frac{\sqrt{\pi}}{2}ERF(z) \tag{5A.5}$$

介于 $z'=0$ 和 z' 之间的净悬浮泥沙含量则为：

$$TS=D\int_0^{z'}C(z)\,dz=M'ERF\left(\frac{z'}{\sqrt{4\frac{e}{W_s}t'}}\right) \tag{5A.6}$$

式中，$M'=M/2$ 与 $t=0$ 时床面侵蚀形成的悬浮泥沙净含量对应。

方程（5A.6）的误差函数值必须小于 1。当 $0<x<1$ 时，$ERF(x)\sim x$，经过 t' 时间后，运用方程（5A.6）计算在床面（$z=0$）的净沉积量，需令 $z'=t'$，即：

$$TS\approx\frac{M'}{2}\frac{t'}{\left(\frac{e}{W_s t'}\right)^{1/2}} \tag{5A.7}$$

方程（5A.7）中，$t'=0.04e/W_s$ 时，$TS=0.1M'$；$t'=e/W_s$ 时，$TS=0.5M'$；$t'=3.2e/W_s$ 时，$TS=0.9M'$。沉积量可以分成两部分：一是归因于沉降速 W_s 的对流作用部分，二是与垂向扩散系数 E 相关的扩散作用部分。通过比较方程（5A.7）中表层和底层对应的 t 值，表明对流引起的沉积量是扩散"侵蚀"量的 2 倍以上，并与扩散"侵蚀"异号。通过比较方程（5A.6）中表层和底层对应的 z 值，得到对流沉积率为 $W_s C_{(z'=0)}$，即接触面积充分大的吸附河床的净沉积期望值，河床上所有颗粒可以充分接触。方程（5A.3）中暗含的 50% 返回率表明河床存在持续的动力关系，该动力关系可以持续到侵蚀之后约 $4e/W_s$。Wiberg 和 Smith（1985 年）使用数值趋于 0.5 的"反弹系数"来说明运动颗粒与河床之间的部分弹性碰撞。

5A.4 表层（$z=1$）边界条件

在表层，引入全反射边界条件，包括 $z=2+W_s t$ 处的 ghost source（与 original source 等量），即等于与 $z=-W_s t$ 处 original source 间的距离。经过表层的"第一批"颗粒（M' 的 1%）符合下列条件：

$$\frac{1}{M'}\int_{0}^{D(1+W_{s}t)}C(Z)\mathrm{d}Z=0.99=ERF\left(\frac{1+t'}{\sqrt{4\dfrac{e}{W_{s}}t'}}\right) \tag{5A.8}$$

方程（5A.8）要求误差函数的实参等于 1.83，因此 t' 的实数解需要保证 $e/W_{s}>0.3$。因此，e/W_{s} 数值较小时，不到 1% 的颗粒到达表层。

5A.5　河床边界条件（$z=2$、4、6 等）

从表层"反射"的沉积物又回到河床的泥沙颗粒可能沉积或者再悬浮。根据方程（5A.8）类推，可以得到 $(2+t')/(4et'/W_{s})^{1/2}<1.83$，即 $e/W_{s}>0.6$，只要满足此条件便可能会出现再悬浮。

从表层反射到河床的悬浮泥沙（即介于 $z'=1+W_{s}t$ 和 $z'=2+W_{s}t$）与到达表层的悬浮泥沙（即介于 $z'=W_{s}t$ 和 $z'=1+W_{s}t$）的比率 R 为：

$$R=\frac{R_{S}}{R_{B}}=\frac{ERF\left(\dfrac{2+W_{s}t}{\sqrt{4et}}\right)-ERF\left(\dfrac{1+W_{s}t}{\sqrt{4et}}\right)}{ERF\left(\dfrac{1+W_{s}t}{\sqrt{4et}}\right)-ERF\left(\dfrac{W_{s}t}{\sqrt{4et}}\right)} \tag{5A.9}$$

式（5A.9）表明，当 $e/W_{s}<0.1$ 时，基本上没有颗粒到达表层，相反的，当 $e/W_{s}>10$ 时，悬浮泥沙浓度在垂直方向上分布均匀。

下面重点介绍本章对底部边界条件的三种假设：

[A] 完全反射河床

以下三种情况的泥沙来源等量：

初始源	河床反射	表层反射
$z=-W_{s}t$		
		（1）初始量
	$(2+W_{s}t)$	（2）（1）的反射
		（3）（2）的反射
$-(2+W_{s}t)$		
┊		
$-[2(n-1)+W_{s}t]$		$(2n-1)(2n-2)$ 的反射
	$(2n+W_{s}t)$	$(2n)(2n-1)$ 的反射

该系列按照数字顺序不断重复上述过程直至后面两项可以忽略不计为止。该种条件下，仅当 $z'=0$ 时，发生沉积。因此，图 5.2 中用虚线给出方程（5A.6）的解，即沉积率。

[B] 充分吸附河床

要求经表层反射后到达河床的泥沙有效浓度为 0，即等量的泥沙来源但异号。从而导致如同边界 [A] 的一系列源和汇。

[C] 介于 [B] 和 [A]

初始源　　　河床反射　　　表层反射

$z=-W_{s}t$

$(2 + W_s t)$　　　　（1）初始量

　　　　　　　　　　（2）（1）的反射

　　图 5.2 给出了三种边界条件下侵蚀后悬浮泥沙随时间（$W_s t$）变化的百分比。三种线型分别对应下面三种边界条件：［A］虚线、［B］点线、［C］实线。

　　当 $e/W_s < 1.0$ 时，如前所示，由于泥沙基本不超过高度 $z = 2$，因此三种边界条件的结果相差不大。然而，当 $e/W_s > 10$ 时，三种边界条件的结果相差较大，后两种边界条件下，随着 e/W_s 数值的增大，泥沙悬浮时间减小。这意味着泥沙与河床碰撞概率越大，河床对泥沙的"捕获率"越大。

　　方便起见，随后本章采用了第三种边界条件代替［A］、［B］两种极端条件进行简单分析。需要注意的是，该种边界条件在 $e/W_s \gg 1$ 时，其分析结果的有效性降低。实际上，合适的边界条件将是水底边界层动力、泥沙特征与浓度的函数。

　　因此，假定泥沙浓度如下所示：

$$C(z,t) = \frac{M}{D(4\pi et)^{1/2}} \left[\exp - \frac{(z + W_s t)^2}{4et} + \exp - \frac{(2 + W_s t - z)^2}{4et} \right] \tag{5A.10}$$

参考文献

Davies, A. G. and Thorne, P. D., 2008. Advances in the study of moving sediments andevolving seabeds. Surveys in Geophysics, doi: 10.1007/S10712 - 008 - 9039 - X, 36.

Fischer, H. B., List, E. J., Koh, R. C. Y., Imberger, J., and Brocks, N. K., 1979. Mixing inInland and Coastal Waters. Academic Press, New York.

Gerritsen, H., Vos, R. J., van der Kaaij, T., Lane, A., and Boon, J. G., 2000. Suspended sediment modelling in a shelf sea（North Sea）. Coastal Engineering, 41, 317 - 352.

Grant, W. D. and Madsen, O. S., 1979. Combined wave and current interaction with a rough bottom. Journal of Geophysical Research, 84（C4）, 1797 - 1808.

Hutchinson, S. M. and Prandle, D., 1994. Siltation in the salt marsh of the Dee estuary derived from 137Cs analyses of short cores. Estuarine, Coastal and Shelf Science, 38（5）, 471 - 478.

Jones, S. E., Jago, C. F., Prandle, D., and Flatt, D., 1994. Suspended sediment dynamics, their measurement and modelling in the Dover Strait. In: （Beven, K. J., Chatwin, P. C., and Millbank, J. H.（eds）, Mixing and Transport in the Environment, John Wiley and Sons, New York, 183 - 202.

Krone, R. B., 1962. Flume Studies on the Transport of Sediments in Estuarine Shoaling Processes. Hydraulic Engineering Laboratories, University of Berkeley, CA.

Lane, A. and Prandle, D., 1996. Inter - annual variability in the temperature of the North Sea. Continental Shelf Research, 16（11）, 1489 - 1507.

Lane, A. and Prandle, D., 2006. Random - walk particle modelling for estimating bathymetric evolution of an estuary. Estuarine, Coastal and Shelf Science, 68（1 - 2）, 175 - 187.

Lavelle, J. W., Mojfeld, H. O., and Baker, E. T., 1984. An insitu erosion rate for a finegrained marine sediment. Journal of Geophysical Research, 89（4）, 6543 - 6552.

Partheniades, E., 1965. Erosion and deposition of cohesive soils. Journal of Hydraulics Division ASCE, 91, 469 - 481.

Postma, H., 1967. Sediment transport and sedimentation in the estuarine environment. In: Lauff, G. H.

(ed.), Estuaries. American Association for the Advancement of Science, Washington, DC, 158－180.

Prandle, D., 1982. The vertical structure of tidal currents and other oscillatory flows. Continental Shelf Research, 1 (2), 191－207.

Prandle, D., 1997a. The dynamics of suspended sediments in tidal waters. Journal of Coastal Research, 40 (Special Issue No 25), 75－86.

Prandle, D., 1997b. Tidal characteristics of suspended sediment concentration. Journal of Hydraulic Engineering, ASCE, 123 (4), 341－350.

Prandle, D., 2004. Sediment trapping, turbidity maxima and bathymetric stability in tidal estuaries. Journal of Geophysical Research, 109 (C8).

Prandle, D., Murray, A. and Johnson, R., 1990. Analysis of flux measurements in the Mersey River. In: Cheng, R. T. (ed.), Residual currents and Long TermTransport. Coastal and Estuarine Studies, Vol. 38. Springer－Verlag, New York, 413－430.

Romano, C., Widdows, J., Brimley, M. D., and Staff, F. J., 2003. Impact of Enteromorpha on near－bed currents and sediment dynamics: flume studies. Marine Ecology Progress Series, 256, 63－74.

Sanford, L. P. and Halka, J. P., 1993. Assessing the paradigm of mutually exclusive erosion and deposition of mud, with examples from upper Chesapeake Bay. Marine Geotechnics, 114 (1－2), 37－57.

Soulsby, R. L., 1997. Dynamics of Marine Sands: a Manual for Practical Applications. Telford, London.

Van Rijn, L. C., 1993. Principles of Sediment Transport in Rivers, Estuaries and Coastal Seas. Aqua Publications, Amsterdam.

Van Rijn, L. C., 2007a. Unified view of sediment transport by currents and waves. 1: Initiation of motion, bed roughness and bed－load transport. Journal of Hydraulic.

Engineering, 133 (6), 649－667, doi: 10. 1061/(ASCE) 0733－9429 (2007) 133: 6 (649). Van Rijn, L. C., 2007b. Unified view of sediment transport by currents and waves. 2: Suspended transport. Journal of Hydraulic Engineering, 133 (6), 668 689, doi: 10. 1061/(ASCE) 0733－9429 (2007) 133: 6 (668).

Van Rijn, L. C., 2007c. Unified view of sediment transport by currents and waves. 3: Graded beds. Journal of Hydraulic Engineering, 133 (7), 761－775, doi: 10. 1061/(ASCE) 0733－9429 (2007) 133: 7 (761).

Wiberg, P. L. and Smith, J. D., 1985. A theoretical model for saltating grains in water. Journal of Geophysical Research, 90 (4), 7341－7354.

Winterwerp, J. C. and van Kesteren, W. G. M., 2004. Introduction to the Physics of Cohesive Sediments in the Marine Environment. Developments in Sedimentology, Vol. 56. Elsevier, Amsterdam, 466.

6 同步河口：动力学、咸潮入侵与测深学

6.1 引言

不同大小、不同形状的河口其潮汐、冲淤和径流条件各异，前几章对其潮位、潮流、咸潮入侵以及沉积情势等进行了阐述。本章主要针对以下基础问题展开分析：潮汐动力和盐淡水混合作用如何共同作用影响、维持河口形态？

如前几章所述，要获得控制方程的通用解析解，大量的简化过程是必不可少的。本章仅考虑漏斗状、强潮型"同步"河口。采用一维线性动量和连续方程，其重点是单个 M_2 分潮的传播。由于河口区低水位和高水位之间表面区域存在显著差异，所以假定一个三角形横截面。

第 6.2 节旨在说明如何根据深度 D 和潮位振幅 ς^*、通过近似值确定潮流 U^* 的局部振幅和相位值。此外，海床坡度 SL 公式可以同样用来确定河口形状和长度。

第 4 章假设轴向密度梯度 S_x 为常数（时间和深度上），以此为基础讨论咸潮入侵长度 L_I 的不同推导方式，研究结果表明上述所有推导方式均依赖 D^2/fU^*U_0 而变化，其中 U_0 为余流速率，f 是河床摩擦系数。此外，认为入侵区轴向偏移在分析大小潮周期和径流洪枯变化中咸潮入侵距离 L_I 的变化时很重要。如第 6.3 节介绍，混合情况至少会在咸潮向陆入侵时出现，可以结合 L 和 L_I 公式推导 U_0 条件下 D_I 的公式，其中 D_I 是入侵中心的深度。分析结果表明：同观测结果，U_0 总是接近 1cm/s。将 U_0 与径流流量 Q 结合，给出河口口门深度的形态学公式，是 Q 的函数（此外，还依赖边坡梯度而变化）。

在 6.4 节中，上述结果转换成测深学框架，对应 ς^* 和 Q（或 D）绘制了河口区总体特征图。由此，假定"测深区"由以下三个条件确定边界：$L_I/L<1$、$E_X/L<1$（E_X 表示潮程）以及混合河口的 Simpson - Hunter（1974 年）标准 $\dfrac{D}{U^*}<50\text{m}^2$。

在 6.5 节中，通过与英格兰（England）和威尔士（Wales）80 个河口的测深数据对比，评价了上节所述新测深理论的有效性。

特别是本章推导的结果没有考虑到相关的沉积情势。第 7 章将考虑主要沉积情势的必然影响以及形态调整率。

6.2 潮汐动力学

6.2.1 同步河口法

如第 2 章所示，通过解析解可以快捷地分析河口潮汐动力的基本特征。潮汐动力几乎

完全受河口口门处潮汐与河口测深的综合影响，并受到河床槽率和近河口顶端径流的调解。

"漏斗形"测深条件下摩擦力和能量守恒可以相互结合、共同作用产生"同步河口"，其潮位振幅ς^*为常数，Dyer（1997 年）对"同步河口"的产生方式进行了阐述。Prandle（2003 年）通过数值模拟评估了同步河口解的有效性。结果表明，对于许多收敛测深条件，除了感潮界限处的小部分区域，假设$\partial \varsigma^* / \partial X \rightarrow 0$始终有效。此外，如图 2.5 所示，求得的同步河口形状和长度位于漏斗形河口的观测范围中心。

"同步河口"方法根据潮位振幅和水深探讨了局部动力学。"同步"假设使潮位梯度可以直接由潮位振幅确定，其解适合三角形河口。矩形截面的等效结果包括用简化值 $c = (gD)^{1/2}$ 替代当前结果 $c = (0.5gD)^{1/2}$。动力学解简化为 ς^*、D 和河床摩擦系数 f 的显函数，不受实际边坡坡度影响；虽然倾角不对称，上述解仍必须保持（局部）常数。解析解假定：①潮汐作用为主且可以通过单个半日分潮的横截面平均轴向传播近似表示；②可忽略对流项和密度梯度项；③摩擦项合理线性化。

6.2.2 一维动量、连续方程的解析解（Prandle，2003 年）

忽略动量方程的对流项，河口的潮汐传播可以通过以下公式描述：

$$\frac{\partial U}{\partial t} + g\frac{\partial \varsigma}{\partial X} + f\frac{U|U|}{H} = 0 \tag{6.1}$$

$$B\frac{\partial \varsigma}{\partial t} + \frac{\partial}{\partial X}AU = 0 \tag{6.2}$$

式中：U 为在 X 轴方向上的速率；H 为总水深（$H = D + \varsigma$），D 为水深；f 为河床摩擦系数（0.0025）；B 为通道宽度；A 为横截面面积；g 为重力加速度；t 为时间。

重点考虑一个主太阳分潮（M_2）的传播，任何位置对于 U 和ς的解可以表示为：

$$\varsigma = \varsigma^* \cos(K_1 X - \omega t) \tag{6.3}$$

$$U = U^* \cos(K_2 X - \omega t + \theta) \tag{6.4}$$

式中：K_1 和 K_2 为波数；ω 为潮汐频率；θ 为相对于ς的 U 相位滞后。假设"同步河口"是指ς^*的轴向变化小。由式（6.1）和式（6.2）可得，假定相近的近似值适用于 U^*。由此求得的 U^* 解（图 6.1）表明：除了在最浅的水域，该假设均有效。进一步假设一个具有恒定边坡坡度的三角形横截面，式（6.2）可简化为：

$$\frac{\partial \varsigma}{\partial t}U\left(\frac{\partial \varsigma}{\partial X} + \frac{\partial D}{\partial X}\right) + \frac{1}{2}\frac{\partial U}{\partial X}(\varsigma + D) = 0 \tag{6.5}$$

Friedriohs 和 Aubrey（1994 年）指出，在收敛河道中，$U^*(\partial A / \partial X) \gg A(\partial U^* / \partial X)$。同样，假定$(\partial D / \partial X) \gg A(\partial \varsigma^* / \partial X)$，采用以下形式的连续性方程：

$$\frac{\partial \varsigma}{\partial t} + U\frac{\partial D}{\partial X} + \frac{D}{2}\frac{\partial U}{\partial X} = 0 \tag{6.6}$$

在主太阳分潮 M_2 的 $fU|U|H$ 成分可以近似为：

$$\frac{8}{3\pi}\frac{25}{16}f\frac{|U^*|U}{D} = FU \tag{6.7}$$

其中 $F = 1.33fU^* / D$，$8/3\pi$ 来自线性二次摩擦项（第 2.5 节）。因子 25/16 的计算基于以下假设条件：任何横向位置的潮流速率是由二次摩擦项（具有局部深度）和（横向恒定的）表面坡度之间的平衡决定，从而算出在最深区域速率 4/5 的横截面平均值。

结合摩擦解析式（6.7），将式（6.3）和式（6.4）的解代入式（6.1）和式（6.6），可得到 4 个方程（适用于河口的任何特定位置），表示在式（6.1）和式（6.6）中的 $\cos(\omega t)$ 和 $\sin(\omega t)$ 部分。通过指定同步河口条件为潮位振幅的空间梯度为零，求得 $K_1 = K_2 = k$，即 ς 和 U 的轴向传播具相同波数，因此：

$$\tan\theta = -\frac{F}{\omega} = \frac{SL}{0.5Dk} \tag{6.8}$$

其中

$$SL = \partial D / \partial X$$

$$U^* = \varsigma^* \frac{gk}{(\omega^2 + F^2)^{1/2}} \tag{6.9}$$

$$k = \frac{\omega}{(0.5Dg)^{1/2}} \tag{6.10}$$

6.2.3 潮流、河口长度和深度剖面的显式公式

上述解的一个独特优点是：能够计算出一系列河口参数的值，并表示为 D 和 ς^* 的直接函数。本章用来说明的取值范围如下：ς^*（0～4m）；D（0～40m），表示所有河口区域，除了河口最深处。

1. 潮流振幅 U^*

图 6.1（Prandle，2004 年）显示潮流振幅取值 <1.5m/s 时公式（6.9）的解。如图 6.3 显示，当 $\varsigma^* \ll D/10$ 时，河流对 f 不敏感。当 $\varsigma^* \gg D/10$ 时，潮流在 $f = 0.001 - 0.004$ 的范围内变化为原来的 2 倍。请注意：当 $F \gg \omega$ 时，式（6.9）表示 $U^* \propto \varsigma^{*1/2} D^{1/4} f^{-1/2}$，因而说明为何 U^* 的观测值变化通常小于 ς^* 的变化。反之，对于 $F \ll \omega$ 时，式（6.9）表示 $U^* \propto \varsigma^* D^{-1/2}$。如等值线图所示，$U^*$ 的最大值约出现在 $D = 5 + 10\varsigma^*$ 处，但这些都没有明显的最大值。

2. 深度剖面和河口长度 L

如图 6.2（Prandle，2004 年）所示，利用式（6.8）中的 SL 值，河口的长度 L 可通过以下方式求值：随着 D 值沿河口减小，同时不断更新 SL 值（假设一个 ς^* 为常数值）。假定 $F \gg \omega$，可以确定一个简化的等效解析解：

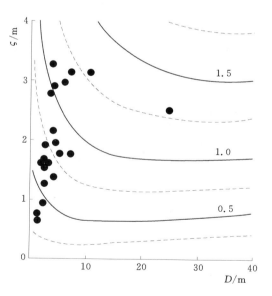

图 6.1　潮流振幅 U^*（m/s），即 $f(D, \varsigma^*)$

注　根据公式（6.9）计算，其中 $f = 0.0025$。

$$D = \left(\frac{5}{4} \frac{(1.33\varsigma^* f\omega)^{4/5}}{(2g)^{1/4}}\right) x'^{4/5} \tag{6.11}$$

其中

$$x' = L - X$$

代入河口口门处的值 $X=0$ 和 $D=D_0$，河口长度可得如下：

$$f=0.0025 \text{ 时}, L=\frac{D_0^{5/4}}{\varsigma_0^{*1/2}} \frac{4}{5} \frac{(2g)^{1/4}}{(1.33f\omega)^{1/2}} \sim 2460 \frac{D_0^{5/4}}{\varsigma_0^{*1/2}} \quad (6.12)$$

式中：河口长度单位为 m；下标 0 表示其为河口口门的值。

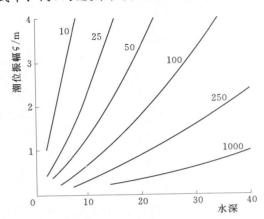

图 6.2 河口长度 L(km)，即函数 $f(D, \varsigma^*)$
注 根据式（6.12）计算，其 $f=0.0025$。

式（6.12）对 $D^{5/4}/\varsigma^{*1/2}$ 存在依赖性，图 6.2 表示河口长度对于 D 相比 ς^* 更为敏感。Prandle（2003 年）表明，此河口长度表达式计算结果与英国和美国东部附近海岸约 50 个河口的数据（随机选择使用先前公布的数据）普遍一致。对于英国地区的河口，含泥量数据容易获取，根据相关含泥量引入 f 公式可以减少 L 的观测值和估计值之间的差异。

6.2.4 河床摩擦系数的敏感性（f）

如式（6.8）和式（6.9）所示，表 6.1 中三个参数对河床摩擦系数 f 值的敏感性取决于 F/ω 值。其参数变化比率对应于河床摩擦系数 $f'=\varepsilon f$ 的变化。ε 的有效极值范围为：$0.2 \sim 5$。Prandle 等（2001 年）研究指出：由于波-流相互作用，河床摩擦增加，从而减少潮流振幅高达 70%。

如图 6.3（Prandle，2004 年）所示，由式（6.8）确定的摩擦与惯性项的比例 F/ω 约等于整体 $\varsigma^*=D/10$。对于 $\varsigma^* \gg D/10$，潮汐动力学以摩擦作用为主，而当 $\varsigma^* \ll D/10$ 时，摩擦作用变得很小。Friedrichs and Aubrey（1994 年）提出摩擦项在收敛河道中具有显著作用，而不考虑深度，这与式（6.8）中 SL 的大数值一致。

表 6.1   对河床摩擦系数的敏感度 $f'=\varepsilon'$

		$F/\omega \gg 1$ 或 $\varsigma^* \gg D/10$	$F/\omega \ll 1$ 或 $\varsigma^* \gg D/10$
潮流振幅	U	$\varepsilon^{-1/2}$	1
海床波度	SL	$\varepsilon^{1/2}$	ε
河口长度	L	$\varepsilon^{-1/2}$	ε^{-1}

6.2.5 同步河口的筛选率

第 2 章根据式（6.1）和式（6.2）的解析解，介绍了漏斗状河口的广义潮汐响应体系。水深与宽度分别与 X^m 和 X^n 成正比，利用其测深近似值，Prandle 和 Rahman（1980 年）提出相应体系（图 2.5），表示在大范围内的河口测深条件下的相对潮汐振幅响应和相关相位。本节对同步河口的长度和形状如何符合该体系进行了计算分析。"筛选因子" v 如下所示：

$$v=\frac{n+1}{2-m} \quad (6.13)$$

由于式（6.11）对应于 $m=n=0.8$，同步河口的解对应于 $v=1.5$，即接近所遇到数值的中心。

图 2.5 中的垂直轴表示距河口顶点的转换距离，可由下式得出：

$$y = \frac{4\pi}{2-m}\left[\frac{x}{(gD)^{1/2}P}\right]^{(2-m)/2} \qquad (6.14)$$

式中：P 为潮汐周期。

因此对于 $X = L$，$m = 0.8$ 时，可由式 (6.12) 计算：

$$y = 0.9\left(\frac{D^{3/4}}{\varsigma^{*1/2}}\right) \qquad (6.15)$$

取值 $D = 5$，$\varsigma^* = 4$m 以及 $D = 20$，$\varsigma^* = 2$m，其结果代表"混合"河口中 y 值的最小值和最大值，则分别对应 $y = 1.22$ 和 $y = 2.8$。如图 2.5 所示，一系列 y 值也代表长度观测值，从 M_2 分潮的一小部分到几乎 1/4 波长。

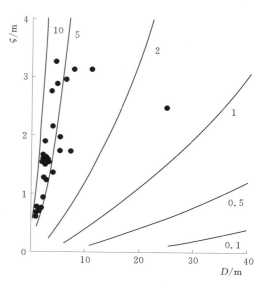

图 6.3 摩擦项与惯性项之比，即 $f(D, \varsigma^*)$

6.3 咸潮入侵

本节仅考虑混合型或半混合型河口，并假定相对轴向密度梯度为常数（在时间和垂向上）：$S_X = (1/\rho)(\partial\rho/\partial X)$，与盐度呈线性比例关系。第 4 章中的式 (4.44)，用于计算混合型河口区咸潮入侵距离 L_I（Prandle，1985 年）：

$$L_I = \frac{0.005D^2}{fU^* U_0} \qquad (6.16)$$

将该公式与确定河口区入侵位置的另外一个公式结合，用以分析入侵区域内的盐度特征。结合 6.2 节中的成果，可以给出河口口门处深度与径流量的函数关系式。

6.3.1 分层水平和冲刷时间

前面所述的潮流振幅公式 (6.9) 可以直接评估 Simpson 和 Hunter（1974 年）的分层标准：$D/U^{*3} > 50$m²/s³。结果如图 6.4 所示（Prandle，2004 年），这意味着潮位振幅 $\varsigma^* > 1$m 的河口一般为混合型河口。

此外，分层程度还可以通过某一点源引起的完全垂向扩散混合时间 T_K 分析。其中，Prandle（1997 年）的 T_K 值估值为 $T_K = D^2/K_z$（K_z 为垂向扩散系数）。K_z 近似表示为 $K_z = fU^*D$，从而得 $T_K = D/fU^*$，其估计值如图 6.5 所示（Prandle，2004 年）。该方法的结果与图 6.4 一致。请注意：$T_K > P/2 \sim 6$h 时，半日分潮的分层作用可能持续超越涨落潮时的连续峰值。反过来，当 $T_K < 1$h 时，分层作用很弱。对于中间值，1h $< T_K < 6$h 时，可能会存在潮内分层，尤其当涨潮时通过潮汐张力作用产生的分层（Simpson 等，1990 年）。

盐度冲洗率可以根据河口区的一半盐水被淡水径流代替所需的时间估计：

$$T_F = \frac{0.5(L_I/2)}{U_0} = \frac{0.0013D^2}{fU^*U_0^2} \tag{6.17}$$

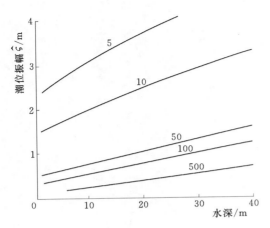

图 6.4　Simpson-Hunter 分层参数 D/U^{*3}

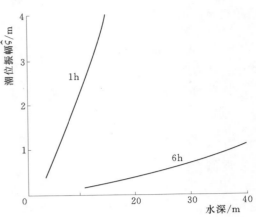

图 6.5　垂向扩散混合时间：D^2/K_Z $[K_Z = fU^*D$，其中 U^* 由式（6.9）求算$]$

6.3.2　混合区位置，与径流量有关的余流

咸潮入侵的向陆边界根据 $x_u = (X_i - L_I/2)L$ 估算，与咸潮入侵的中心位置连续值 $x_i = (X_i/L)$ 对应，第 4 章对比分析了八个河口区咸潮入侵的向陆边界估算值和观测值。当咸潮入侵的向陆边界距离最小时，计算值与观测值达到高度一致。

采用后者作为确定咸潮入侵中心位置 x_i 的标准，无量纲项需要满足以下条件：

$$\frac{\partial}{\partial x}(x - 0.5l_i) = 0 \tag{6.18}$$

代入 $l_i = L_I/L$，采用式（6.16）和式（6.12），并引入式（6.9）的浅水区近似值，则

$$U^{*2} = \frac{\varsigma^* \omega (2gD)^{1/2}}{1.33f} \tag{6.19}$$

然后，假设 $Q = U_0 D_i^2 / \tan\alpha$，其中 $\tan\alpha$ 为三角形过水断面的边坡坡度，则

$$x_i^2 = 333\frac{Q\tan\alpha}{D_0^{5/2}} \tag{6.20}$$

x_i 处对应的水深 $D_i = D_0 x_i^{0.8}$，则

$$U_0 = \frac{D_i^{1/2}}{333} \tag{6.21}$$

如通常观测的结果一样，当水深由几米增加到几十米时，由式（6.21）可得 U_0 接近 1cm/s。注意到式（6.20）与 $l_i = 2/3x_i$ 对应，上游边界处 U_0 的值则增加 2 倍，而下游边界处 U_0 的值减小了 40%。

若引入河口测深数据-宽 $B_0 x^n$ 和水深 $D_0 x^m$，则式（6.20）可用下式代替：

$$x_i = \left(\frac{855Q}{D_0^{3/2}B_0(11m/4+n-1)}\right)^{1/(11m/4+n-1)} \tag{6.22}$$

尽管存在隐含需求：潮幅要足以维持部分混合的条件，通过式（6.20）和式（6.22）

以及径流余流式（6.21）计算的咸潮入侵的轴向位置结果均不受潮幅和河床摩擦系数影响。方程式（6.20）和式（6.22）强调咸潮入侵的中心位置如何适应径流量 Q 的变化。这种"轴向迁移"现象使得咸潮入侵的敏感性分析更加复杂，比入侵距离 L_I 公式（6.16）的计算结果要复杂很多。

6.4 河口测深学：理论

6.4.1 潮汐动力与分层影响的形态带

上述结果：在咸潮入侵区的径流速率接近 1cm/s，如图 6.6（Prandle，2004 年）所示，表示公式（6.16）计算的咸潮入侵长度的典型值。此外，将后者与河口长度 L ［式（6.12）］的结果结合，如图 6.7 所示，表示 L_I/L 的比值（Prandle，2004 年）。

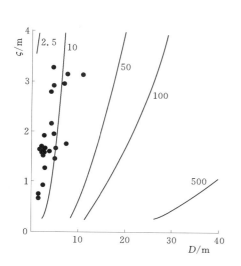
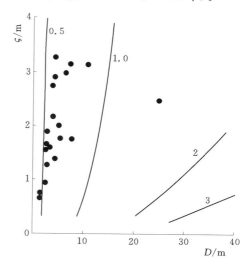

图 6.6　咸潮入侵距离 L_I（km），式（6.16）
（取值：$0.01/U_0$，U_0 单位 m/s）

图 6.7　咸潮入侵与河口长度的比值 L_I/L
［式（6.16）和式（6.12）］

同样，根据涨潮期间河口口门释放的示踪物，图 6.8（Prandle，2004 年）表示其潮程 E_X ［式（6.24）］与河口长度 L 的比值。这些 E_X 值包含对上游深度减小、潮汐流速减少的修正，但忽略了相位的轴向变化。

如果河口中包含盐度混合，我们可以定义一个"测深区"，其边界条件如下：

① $$\frac{L_I}{L} < 1$$

② $$\frac{E_X}{L} < 1$$

③ $$\frac{D}{U^{*3}} < 50 \tag{6.23}$$

其中，潮程表示为：

$$E_X = \left(\frac{2}{\pi}\right) U^* \, P \tag{6.24}$$

如图 6.9 所示（Prandle，2004 年），河口测深区与英国 25 个河口（D，ς^*）值的叠加分布基本一致（Prandle，2003 年）。

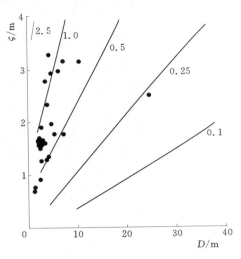

图 6.8   潮程与河口长度的比值 E_X/L
[式（6.24）和式（6.12）]

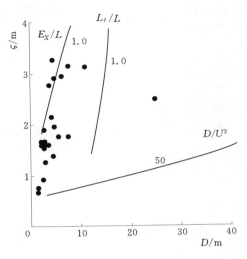

图 6.9   河口测深区（由 $E_X<L$，$L_I<L$ 和
$D/U^{*3}<50\text{m}^2/\text{s}^3$ 界定）

6.4.2   河口水深：径流流量的函数

根据式（6.21）和式（6.22）计算的 x_i 和 D_i 结果可用于估算河口口门处的 D_0 值。注意到：$l_i=2/3x_i$ 时，咸潮入侵被限制在河口区，最大值为 $x_i=0.75$。将该值代入式（6.21），可得到

$$D_0=12.8(Q\tan\alpha)^{0.4} \tag{6.25}$$

将该结果与式（6.12）结合，河口长度 L 可由下式得出

$$L=2980\left(\frac{Q\tan\alpha}{f\varsigma^*}\right)^{1/2} \tag{6.26}$$

如果河口测深条件根据历史条件确立，其 Q 值较大（冰川融化），河口口门的盐水混合可能会向陆地演进。反之，当咸潮混合涉及近海羽流，我们就假设存在异常大的 Q 值或平衡现有径流的测深侵蚀受阻。

U_0［式（6.21）］和 D_0［式（6.25）］的结果不受摩擦系数 f 和潮汐振幅 ς^* 的影响。O'Brien（1969 年）指出，潮汐入口最小过水面积完全不受河床物质类型的影响。然而，河口长度的 2 个表达式（6.12）和式（6.26）依赖于 f 和 ς^* 的逆平方根。

河口水深条件的观测值与计算值。一系列英国河口的研究结果表明：$0.02>\tan$（1969 年）时，式（6.25）通常符合下述条件：

$$2.68Q^{0.4}>D_0>1.07Q^{0.4} \tag{6.27}$$

英国、美国和欧洲等地河口的水深条件分析结果如图 6.10 所示（Prandle，2004 年）。对于陡峭的边坡，根据式（6.27）可得：$Q=1\text{m}^3/\text{s}$ 时，D_0 值为 2.7m；当 $Q=10\text{m}^3/\text{s}$ 时，D_0 值为 6.7m；当 $Q=100\text{m}^3/\text{s}$ 时，D_0 值为 16.9m；当 $Q=1000\text{m}^3/\text{s}$ 时，D_0 值为 42.4m。较缓边坡的对应深度数值分别为 1.1m、2.7m、6.7m 和 16.9m。如图 6.10 所

示，式（6.27）所描述的范围几乎包括了所有观测到的河口坐标（Q，D）。

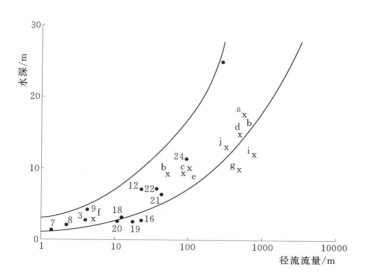

图 6.10 河口口门水深：径流-水深函数
注 理论值：式（6.27）；观测值：Prandle（2004 年）。
英国河口以数字标记，其他的则以字母表示。

世界上最大河流亚马孙河的平均流量是 200000m³/s，占全球净淡水流量的 20％。此外，仅次于亚马孙河的九大河流数量的累积流量值与之相近（Schubel 和 Hirschberg，1982 年）。除了这十大河流，$Q<15000$m³/s，据式（6.25）则对应得出 $D=50\sim125$m。因此，如图 6.10 所示，其数值范围清楚地代表了绝大多数的河口。再者，根据图 6.7 发现：$D>10$m 的大型河口往往会涉及淡水羽流延伸入海。

6.5 河口测深：对观测值的理论评估

上述河口测深理论提供了以下关系式：

（1）河口口门深度 D_0 与径流量 Q，式（6.25）；

（2）潮汐长度 L 与河口深度 D 和潮汐振幅ς^*，式（6.12）；

（3）测深区：根据河口深度 D 和潮汐振幅ς^* 划定（图 6.9）。

如图 6.11 所示，采用英格兰（England）和威尔士（Wales）80 处河口的形态学数据集，（Buck 和 Davidson，1997 年）（Future－Coast，Burgess 等，2002 年）用以评测上述理论的有效性。英国河口包括大型潮间带，在高潮位期间其宽度值通常是低潮位时的三倍以上。因此，鉴于早期的理论发展，下面对于形态观测值的分析假定三角形横截面的坡度为 $\tan\alpha=D/B$。为了区分不同地形类型的评估结果，本章运用 Buck 及 Davidson（1997年）的形态学分类法：溺湾型（Rias）、滨海平原型（Coastal Plain）和沙坝型（Bar－

Built)，针对这些河口类型，河口参数－D、ς^*、Q、宽度 B、边坡坡度 $\tan\alpha$ 的平均观测值如表 6.2 所示。

图 6.11　英格兰（England）和威尔士（Wales）的河口

表 6.2　　　　　观测值：河口长度 L、深度 D、径流量 Q 和边坡坡度 $\tan\alpha$

类型	序号	$L\sim AD^P$	R（PVA）	平均 L /km	$D\sim AQ^P$	R（PVA）	平均 D /m	平均 Q /（m³/s）	平均值 （$\tan\alpha$）
全部	80	$1.28D^{1.24}$	0.69	20	$3.3Q^{0.47}$	0.55	6.5	14.9	0.013
溺湾型	15	$0.99D^{1.10}$	0.89	12	$5.1Q^{0.32}$	0.74	9.3	6.3	0.037
滨海平原型	30	$1.95D^{1.12}$	0.69	33	$3.0Q^{0.38}$	0.67	8.1	17.9	0.011
沙坝型	35	$1.92D^{1.15}$	0.66	9	$2.4Q^{0.35}$	0.72	3.6	9.5	0.014
理论		$1.83D^{1.25}$			$2.3Q^{0.40}$				

注　最佳统计拟合相关（PVA，方差百分比）。由式（6.12）和式（6.25）计算理论值，其平均值 $\varsigma^* = 1.8m$ 和 $\tan\alpha = 0.013$。来源：Prandle 等，2006。

6.5.1 数据分析

观测数据覆盖了各种类型的河口，原始数据搜集和后期数据整理、综合分析过程带来了很多不确定性和误差。所有统计拟合去掉了迭代计算确定的两个离群值（异常值）。之后的分析可以下分为四种类别：①所有河口；②溺湾型；③滨海平原型；④沙坝型。每个类别的数字 N 如下：80（28）、15（61）、30（45）和 35（42），其中括号内的数值表示99％置信度水平时的显著性。

其方差百分比（PVA）的估计值如下所示：

$$PVA = 100 \times [1 - (\sum |O_i^2 - X_i^2|) / \sum O_i^2] \tag{6.28}$$

式中：河口范围为 $i = 1 - N$；O_i 为该范围的统计拟合观测值；X_i 为该范围的"最佳"统计拟合值。标准化 PVA 适用于大的参数范围。假设统计拟合值为 $y = Ax^P$，其中 A 通过最小二乘方法计算，其 P 取值范围为 $-3 < P < 3$（增量为 0.01），而 P 的取值旨在用来反映 PVA 的最大值。

通过数值优化计算 $r^{1/q}$ 与 s^q，其中 r 和 s 是任何拟合参数并且 $q = P^{1/2}$，确保了参数顺序颠倒时该拟合的适用性。

径流流速的平均值 U_0 根据表 6.2 所示的 $Q\tan\alpha / D^2$ 值计算，如下所示（以 cm/s 为单位）：所有河口，0.5；溺湾型，0.04；滨海平原型，0.3；以及沙坝型，1.0，与公式（6.21）的估计值一致。Prandle（2004 年）指出，世界范围的 U_0 观测值和其数值模拟值通常介于 0.2～1.5cm/s 之间。溺湾型河口的值较低反映其特殊的形态发展过程。

6.5.2 形态理论与观测

河口测深观测值如表 6.2 所示，有效地概述了 Davidson 和 Buck（1997 年）提出的河口类型。溺湾型河口通常短、深、边坡陡峭，且径流量小。滨海平原型河口呈长型漏斗状，具有平缓的三角形截面且潮间带范围广。沙坝型河口短而浅，径流量和潮差值均较小。Prandle（2003 年）指出，沙质河口往往较短，而泥质河口往往较长。就沉积条件而言，沙坝型河口位于海洋沉积物供应充足的海岸；因此，目前接近于平衡状态。滨海平原型河口持续填充冰期后径流引起的过量下蚀；而溺湾型河口是由于（相对地）海平面上升形成的淹没型河谷（有相应断面）。

1. 长度（$L \sim AD^P$）和深度（D）

如表 6.2 所示，对于滨海平原型河口和沙坝型河口，其 D 值的指数 1.12 和 1.15 接近理论值 1.25；同样，其系数为 1.95 和 1.92，接近理论值 1.83。对于溺湾型河口，其 D 值为 1.10，与理论值 1.25 基本一致，但系数值减小为 0.99，反映了此类河口的长度较短。

总体而言，发现在各种类型河口的所有参数之间具有显著的统计关系，表明河口形态通常受有限的参数范围限制。

2. 深度（$D \sim AQ^P$）和径流流量（Q）

对于溺湾型河口，其流量 Q 值的指数为 0.32；而滨岸平原型和沙坝型河口，其流量 Q 值的指数为 0.38，均接近于理论值 4.0。同样，系数 A 的相关值均接近理论值，除了溺湾型河口，其系数值较高，反映了其深度较大。

如表 6.2 所示，L 和 D 之间的关系可用于评估 Prandle 和 Rahman（1980 年）河口响应（如图 2.5 所示，$D \propto x^m$）的指数 m 值。Prandle（2006 年）将上述统计分析进一步用于计算 L 和宽度 B 之间的对应关系，从而估算 $B \propto x^n$ 的 n 值。通过式（6.13）将 m 和 n 值结合，可得"筛选因子"v：全部河口，1.85；溺湾型，1.72；滨海平原型，2.07；沙坝型，2.25。$v=1$ 时，出现最大潮幅；$v>2$ 时，其波峰将大大降低。因此，潮位和潮流在沙坝型河口的空间分布可能更为均匀，反映了其条件更接近平衡。

3. 测深区

河口测深区如图 6.12 所示（Prandle 等，2005 年），其边界由式（6.23）界定。如图 6.1 所示，$\varsigma^* > 3\text{m}$ 时，潮流振幅可以超过 1.5m/s，河床的轴向斜率显著增加。因此，此类河口一般都呈现较深的海湾-河口毗邻系统的形式，如布里斯托尔海峡（Bristol Channel）或芬迪湾（Bay of Fundy）。

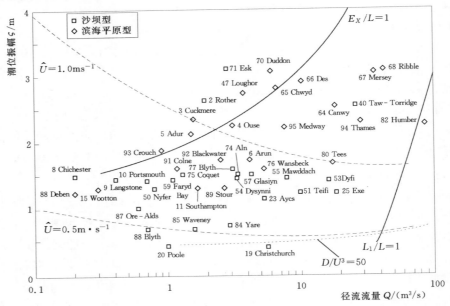

图 6.12　测深区（由 $E_X < L$，$L_I < L$ 以及 $D/U^{*3} < 50\text{m}^2/\text{s}^3$ 界定）

6.5.3　河口正常运转的最小水深和流量

图 6.4 和图 6.5 表明，对于"混合"河口，$\varsigma^* > 1\text{m}$，这意味着河口在一个完整的潮汐周期内正常运转需要的最小 D 值为 1m，且根据公式（6.12）得 $L \sim 2.5\text{km}$。

这个最小长度要求对应 $D > \varsigma^{*0.4}$。然后，将表（6.1）中横向坡度值 $\tan\alpha$ 代入公式（6.25），得到 $\varsigma^* = 1$、2、4 时的最小 Q 值（单位：m^3/s），如表 6.3 所示。

表 6.3　　　　潮幅为 ς 的一个完整汐周期内河口正常运转需要的径流量最小值　　　　单位：m^3/s

	$\varsigma^* = 1\text{m}$	$\varsigma^* = 2\text{m}$	$\varsigma^* = 4\text{m}$
全部河口	0.13	0.75	4.2
溺湾型	0.05	0.26	1.5
滨海平原型	0.15	0.88	5.0
沙坝型	0.12	0.69	3.9

6.5.4 河口间距

假定河口测深由 ς^* 和 Q 确定，问题在于河口如何适应在地质时期的气候变化。特别是，由于平均海平面下降或上升时海岸前进或后退，降雨量和汇水面积的变化会有什么后果。这些问题将在第 8 章进行深入探讨。本节内容将对这些问题进行提炼，仅对河口间距进行估算。

对于间距为 SP（km）的长直海岸线和陆地范围为 CT（km）的矩形集水区，径流流量 Q 由以下给出：

$$Q = 0.032 SP \times CT \times R \tag{6.29}$$

式中：R 为进入河流内的年降雨量（m/a）。因此，$SP = 10\text{km}$、$CT = 50\text{km}$ 和 $Q = 15\text{m}^3/\text{s}$ 等英国河口的典型值表明 $R \sim 0.9\text{m/a}$，这与观测值普遍一致。

将表 6.2 中 $\tan\alpha = 0.013$ 代入式（6.25），河口间距的表达式如下所示：

$$SP = 41 \frac{D^{5/2}}{R \times CT} \tag{6.30}$$

根据表 6.2 和 Prandle（2004 年）给出的全球观测数据，极少河口具有 $D > 20\text{m}$ 的值。因此，为避免对于具有较大 CT 值的大片陆地出现较小 SP 值，我们提前考虑三角洲或多重"亚河口"的形成，通过潮汐港湾与海洋连接，如切萨皮克湾（Chesapeaker Bay）。

6.6 小结及应用

假定"同步河口"（由于潮位梯度影响，其水面坡度显著大于振幅 ς^* 的变化率），得到潮流振幅、相位及海底斜坡 SL 的局部显式，其中，(D, ς^*) 的 D 是指水深。结合 SL 的公式可以估算河口形状和长度 L。将这些结果进一步与盐度入侵长度 L_I 公式（4.44）结合，可以推出联系河口口门深度和径流量 Q 的表达式，即：将任一河口的大小、形状与径流和潮幅联系起来的形态学体系。

最近试图预测河口测深条件变化的全球气候变化响应，由此提出了以下这一基础性的问题：什么决定了河口形状、长度和深度？

河口在海岸潮水涨落与河川径流下泄间形成了界面，因此，要求测深结果必须反映潮汐振幅 ς^* 和径流量 Q 的综合影响，以及冲积层的作用。然而，与平均海平面（相关水深）及 Q 的快速变化相比，地质适应速率很慢，因此，测深条件反映了前期形成条件和之后当前动态平衡之间的中间适应调整，该调整率不仅取决于沉积物供应量，也取决于地质条件的侵蚀"硬度"。

（1）潮流和摩擦影响。假定"同步河口"，6.2 节推导出表达式 6.8 和式 6.9，用于根据 ς^* 和 D 计算潮流振幅和潮流相位，说明 U^* 总是在 $0.5\text{m/s} < U^* < 1.5\text{m/s}$ 的范围内（图 6.1）。这些同步解也明确量化了第 2 章提及的关于摩擦与惯性项的比例问题，图 6.3 表明该比例近似为 $10\varsigma^* : D$。

（2）长度和形状。海底坡度 SL 的表达式（6.8）提供了一个河口形状估算值式（6.11）。接着，对这些坡度进行整合，如图 6.2 所示：河口长度 L（6.12），是 ς^*、D、

河床摩擦系数 f 的函数，后者部分说明了冲积层的情况。

（3）河口形态的变化。将 U^* 和 L 的上述结果与咸潮入侵距离 L_1 结合，确定"混合"河口的"测深区"，其边界条件为：$L_1/L < 1$，$E_X/L < 1$（E_X 为潮程），以及垂直混合的 Simpson-Hunter（1974 年）标准（$D/U^{*3} < 50\mathrm{m}^{-2}\mathrm{s}^3$）。图 6.5 和图 6.6 使用 U^* 的表达式（6.9），说明如何采用上述标准区别混合河口与分层河口的近似条件为 $\varsigma^* = 1\mathrm{m}$。

观测结果表明：混合至少会出现在咸潮陆向入侵处，由此推导出联系河口口门深度 D_0 和径流量 Q 的式（6.21）和式（6.25）。有趣的是，该表达式与 ς^* 及 f 都无关。假设一个三角形横截面的边坡坡度 $\tan\alpha$ 在 0.02 和 0.002 之间，D_0 作为 Q 的函数，其对应的包络线如图 6.10 所示。该包络线支持第 4 章的结论：在混合河口的咸潮入侵区内，径流速率的量级不变，为 1cm/s。

在 6.5 节中"混合河口"要在完整的潮汐周期中发挥作用，要求最小值为 $D \approx \varsigma^{*0.4}$ 和 $Q \approx 0.25\mathrm{m}^3/\mathrm{s}$。最大值通常为 $D \approx 20\mathrm{m}$ 和 $\varsigma^* \approx 3\mathrm{m}$，可以用来推测出大片陆地排水过程中三角洲和复合河口的形成。

（4）测深体系评估。根据 D_0 和 Q 之间的上述关系，前面提到的"测深区"转化为根据"边界条件" ς^* 和 Q 确定的河口形态体系（图 6.12），从而定量表示潮汐和径流对河口大小和形状的影响。如图 6.12 所示，采用了英国 80 个河口的观测数据对该体系进行对比评估。

虽然个别河口呈现区域性特征（和基础地质条件、动植物、人类历史发展和"干扰"活动相关），但是深度、长度和（漏斗形）形状的综合作用和新的动力学理论仍然是一致的。而且，根据动力学理论，溺湾型、滨海平原型和沙坝型河口的典型形态特征也是合理的。

三类河口的 L 和 $D_0^{1.25}$ 的理论比例均得到了证实。对于滨海平原型和沙坝型河口而言，L 值的量级接近理论值，但溺湾型河口的 L 值显著减小。

同样的，三类河口的 D_0 和 $Q^{0.4}$ 的理论比例也得到了证实。对于滨海平原型和沙坝型河口而言，与理论值的一致性较高，但是沙坝型河口而言，D 值明显偏大。

（5）理论体系。本章结论构成了有关"天然"边界条件 Q、ς^* 和 f 下河口动力学、咸潮上溯和测深学的综合理论体系，其基础关系如下：

（a）潮流振幅	$U^* \propto \varsigma^{*1/2} D^{1/4} f^{-1/2}$	浅水	式（6.9）
	$U^* \propto \varsigma^* D^{-1/2}$	深水	
（b）河口长度	$L \propto D^{5/4}/\varsigma^{*1/2} f^{1/2}$		式（6.12）
（c）深度变化	$D(x) \propto x^{0.8}$		式（6.11）
（d）河口口门深度	$D_0 \propto (aQ)^{0.4}$		式（6.25）
（e）摩擦力和惯性力之比	$F/\omega \propto 10\varsigma^*/D$		式（6.8）
（f）分层极值	$D/U^{*3} \sim \varsigma^* = 1\mathrm{m}$		式（6.24）
（g）咸潮上溯	$L_1, \propto D^2/fU_0U^*$		式（6.16）
（h）测深区	以 $L_1 < L$，$E_X < L$ 和 $D/U^{*3} < 50\mathrm{m}^{-2}\mathrm{s}^3$ 为界		式（6.23）
（i）冲刷时间	$T_F \propto L_1/U_0$		式（6.17）

该体系为任何特定河口的形态评估提供了理论支持。通过识别"异常"河口，可以探索导致异常的原因，例如：历史演变的不同区域模式、工程"干扰""坚硬"的地质基础条件、不符合理论假设的动力条件或混合条件、非代表性观测数据、泥沙补给及波浪影响的多变。

长期以来，普遍认为动植物条件影响了河床泥沙的补给、固化和生物扰动。如6.2节所示，有效的摩擦系数 f 的相关变化对动力学的影响起关键作用，由此对形态和泥沙情势具有重要影响。

（6）推论。在第7章中，这些新理论的验证出现了范式转移，表明：主要河口泥沙情势是河口测深的结果而不是其决定性因素。

参考文献

Buck，A. L. and Davidson，N. C.，1997. An Inventory of UK Estuaries. Vol. 1. Introduction and Methodology. Joint Nature Conservancy Committee，Peterborough，UK.

Burgess，K. A.，Balson，P.，Dyer，K. R.，Orford，J.，and Townend，I. H.，2002. Futurecoast the integration of knowledge to assess future coastal evolution at a national scale. In：28th International Conference on Coastal Engineering. American Society of Civil Engineering，Vol. 3，Cardiff，UK，3221 - 3233.

Davidson，N. C. and Buck，A. L.，1997. An inventory of UK estuaries. Vol. 1. Introduction and Methodology. Joint Nature Conservation Committee，Peterborough，UK.

Dyer，K. R.，1997. Estuaries：a Physical Introduction，2nd ed. John Wiley，Hoboken，NJ.

Friedrichs，C. T. and Aubrey，D. G.，1994. Tidal propagation in strongly convergent channels. Journal of Geophysical Research，99（C2），3321 - 3336.

O'Brien，M. P.，1969. Equilibrium flow area of inlets and sandy coasts. Journal of Waterways and Coastal Engineering Division ASCE，95，43 - 52.

Prandle，D.，1985. On salinity regimes and the vertical structure of residual flows in narrow tidal estuaries. Estuarine Coastal and Shelf Science，20，615 - 633.

Prandle，D.，1997. The dynamics of suspended sediments in tidal waters. Journal of Coastal Research，25，75 - 86.

Prandle，D.，2003. Relationships between tidal dynamics and bathymetry in strongly convergent estuaries. Journal of Physical Oceanography，33（12），2738 - 2750.

Prandle，D.，2004. How tides and river flows determine estuarine bathymetries. Progress in Oceanography，61，1 - 26.

Prandle，D.，2006. Dynamical controls on estuarine bathymetry：assessment against UK data base. Estuarine Coastal and Shelf Science，68（1 - 2），282 - 288.

Prandle，D. and Rahman，M.，1980. Tidal response in estuaries. Journal of Physical Oceanography，70（10），1552 - 1573.

Prandle，D.，Lane，A.，and Manning，A. J.，2006. New typologies for estuarine morphology. Geomorphology，81（3 - 4），309 - 315.

Prandle，D.，Lane，A.，and Wolf，J.，2001. Holderness coastal erosion - Offshore movement by tides and waves. In：Huntley，D. A.，Leeks，G. J. J.，and Walling，D. E.（eds），Land - Ocean Interaction，Measuring and Modelling Fluxes from River Basins to Coastal Seas. IWA publishing London，209 - 240.

Simpson，J. H. and Hunter，J. R.，1974. Fronts in the Irish Sea. Nature，250，404 - 406.

Simpson, J. H. , Brown, J. , Matthews, J. , and Allen, G. , 1990. Tidal straining, density currents and stirring in the control of estuarine stratification. Estuaries, 13 (2), 125 - 132.

Schubel, J. R. and Hirschberg, D. J. , 1982. The Chang Jiang (Yangtze) estuary: establishing its place in the community of estuaries. In: Kennedy, V. S. (ed.), Estuarine Comparisons. Academic Press, New York, 649 - 654.

7 同步河口：泥沙捕获与分选-稳定形态学

7.1 引言

河口区的悬浮泥沙量通常向上游方向递增，在河口咸潮上溯上限位置附近形成"最大浑浊带"，该浑浊带泥沙浓度相对于外海泥沙浓度明显升高。Uncles 等（2002 年）对最大浑浊带的观测研究进行了综述分析，并且探讨了其形成机制。本章针对强感潮河口，构建了泛型定量公式表述产生上述高泥沙浓度的内在机制，旨在确定尺度参数、衡量泥沙浓度对泥沙类型（砂砾到黏土）、大小潮、洪枯流量的敏感性。尽管存在持续的大规模涨落潮泥沙通量，河口测深具有长期稳定性，本章的另一个目标则是明确维持这种稳定性的反馈过程。

Postma（1967 年）首次探讨河口区细颗粒泥沙的捕获机制，即重力环流、潮动力的非线性关系、泥沙再悬浮到沉淀的迟后效应。然而，很难将它们各自的作用从观测值或模型中解析出来。因此很难深入了解这些过程并评估它们对海洋动力或河流动力或内部参数变化的敏感性。

7.1.1 研究进展

Postma（1967 年）描述潮汐河口的泥沙分布特征，并指出可能的控制机制。如 Postma 分析，其显著特点如下所示：

（1）河口区悬浮细颗粒泥沙的浓度比相关的海相泥沙或河相泥沙高很多。

（2）悬浮泥沙和床面泥沙的主要来源均是外海。

（3）大潮-小潮周期中，潮流峰值与浓度峰值存在明显滞后，滞后时间多达 4d。

（4）对于细颗粒泥沙，由于累积侵蚀和延迟沉降造成的滞后。

（5）对于粗颗粒泥沙（$d \geqslant 100\mu m$，即沉降速率为 $W_s \geqslant 0.01m/s$），相关滞后现象可以忽略。

（6）悬浮泥沙浓度峰值（最大浑浊带，TM）通常与重力环流（咸潮上溯）上限有关，泥沙颗粒范围主要为 $100\mu m > d > 8\mu m$。

Postma 认为，尽管河口可能会同时存在粗颗粒泥沙和细颗粒泥沙，通常是细颗粒泥沙的特性作为主导因素，与潮幅、河川径流和泥沙补给等共同影响河口测深。Postma 还分析了絮凝作用和波浪对泥沙情势的影响，尽管这些影响得到了普遍认可，本章对此过程并没有阐述。

Dronkers 和 Van de Kreeke（1986 年）发现，即使在没有有效径流的感潮海湾，仍能观测到悬浮颗粒物（SPM）向陆地方向递增。Dronkers 和 Van de Kreeke 解释了 Postma 涨落潮不对称性概念如何实现量化、从而确定细颗粒泥沙的净输送量。

Festa 和 Hansen（1978 年）利用概化的侧向平均二维模型，表明重力环流作用在悬浮泥沙最大浑浊带（TM）形成中的作用。其研究假定存在矩形过水断面，并涉及潮汐平均动力学。利用河流流速为 $U_R=0.02\mathrm{m/s}$ 的稳态数值模型（不考虑侵蚀和沉积），研究发现最大浑浊带（TM）的范围和位置主要取决于沉降速率，如当 $W_s>5\times10^{-6}\mathrm{m/s}$ 时，最大浑浊带（TM）达到显著水平。Dyer 和 Evans（1989 年）将侵蚀和沉积序列纳入垂向平均河口模型，用来说明侵蚀阈值的设定如何影响悬浮泥沙的输入与输出平衡。

经观测发现，最大浑浊带（TM）在咸潮入侵上限附近普遍存在，因此推测重力环流是 TM 的形成机制。Jay 和 Musiak（1994 年）强调正压、斜压机制的作用，以及估计净泥沙通量时，综合考虑轴向、垂向分量的必要性。Jay 和 Kukulka（2003 年）对净残留泥沙通量进行量化，该通量与潮流变化和悬浮颗粒物之间的耦合有关，研究表明净残留泥沙通量远远超过由净余流和潮汐平均浓度相乘得出的通量。该研究与前者研究基本一致，不同的是对于部分分层系统，对潮流分布的斜压校正更为重要。

Markofsky 等（1986 年）表明德国威悉河（the Weser）的最大浑浊带（TM）拦截了大量粉砂，如同河口区的过滤器。Grabemenn 和 Krause（1989 年）利用威悉河（the Weser）悬浮泥沙的实测时间序列，研究表明：伴随不同的潮汐和径流循环，河口动力及泥沙沉积条件出现系统性反复，局部沉积和再悬浮是最大浑浊带（TM）的主要过程。Lang 等（1989 年）采用三维数值模型重现上述实测值，其沉降速率设为 $W_s=5\times10^{-4}\mathrm{m/s}$。该研究认为能量耗散的形式与悬浮泥沙来源分布之间存在某种相关关系。

Hamblin（1989 年）研究圣劳伦斯河（St. Lawrence River）的泥沙沉积发现，局部再悬浮、涨落潮不对称性和咸潮上溯均对该河的最大浑浊带（TM）造成影响。根据实测颗粒粒径范围 $10\mu\mathrm{m}<d<20\mu\mathrm{m}$，该模型规定 $W_s=3\times10^{-4}\mathrm{m/s}$。

Uncles 和 Stephens（1989 年）描述了塔玛河（Tamar River）最大浑浊带（TM）的大量测量结果，其潮高变化介于 $2\sim6\mathrm{m}$。研究指出，在一个大小潮循环中，最大浑浊带（TM）浓度存在一个数量级的差距。此外，在最大浑浊带（TM）的悬浮物和沉积物中，以粒径 $20\mu\mathrm{m}<d<40\mu\mathrm{m}$ 的粉砂为主。该研究认为再悬浮、潮泵效应和重力环流可能是形成最大浑浊带（TM）的重要机制。研究还指出悬浮细颗粒泥沙絮凝作用以及近期沉积泥沙的密度/孔隙率快速变化的重要性。

Friedrichs 等（1998 年）通过对塔玛河（Tamar River）最大浑浊带（TM）的研究认为，最大浑浊带（TM）的形成主要与内在非线性有关，包括三个方面：①涨潮为主的不对称性；②河川径流；③宽度收敛引起的沉降滞后效应。相反的，深度的轴向变化并不重要。研究认为轴向变化的河床可蚀性是维持总体泥沙收支平衡上的必要条件。其模型得出潮流速度峰值与浓度峰值间的滞时：45min。

潮汐变形与河道形态及河床摩擦密切相关，Aubrey（1986 年）强调潮汐变形在浅水河口产生潮汐不对称（涨潮优势或落潮优势）时发挥的作用。Aubrey 指出潮汐变形的程度取决于 ς^*/D。本章重点分析此类河口：其浅水区三角形过水断面的潮幅–水深比率较高、且垂直混合强烈。

7.1.2　研究方法

本章采用的研究方法将潮汐动力、咸潮上溯和泥沙运动表达式整合到分析仿真器中。该分析仿真器适用于强感潮漏斗型河口，并纳入了具备三角形过水断面的浅水河口中的重要过程。该仿真器清楚地描述了参数相关性，并可以用来确定零净泥沙通量的产生条件。尽管其分析结果一定程度上依赖于先验假设，其优点具体如下：①数学过程相对明确；②通用的各种参数，即潮位振幅 ς^*、水深 D、河床径流 Q、泥沙类型或沉降速率 W_S 和摩擦系数 f。

该方法的主要目标在于将下列关键机制简化并纳入"分析仿真器"，形成平均浓度和悬浮颗粒物（SPM）净通量的表达式：

（1）与咸潮上溯、河床径流和潮汐非线性相关的潮流和余流；

（2）泥沙侵蚀、悬浮和沉积。

7.2 节总结了第 4 章和第 6 章的研究成果，7.3 节基于第 5 章，总结相关研究结果，介绍悬浮泥沙半衰期（t_{50}）及其垂直剖面（$e^{-\beta z}$，7.24）的连续函数表达式（7.22）。7.4 节根据数值模型模拟结果，对泥沙浓度和净通量表达式的有效性进行了评估（图 7.1；Prandle，2004 年）。

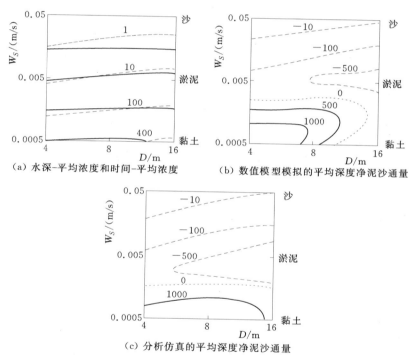

（a）水深-平均浓度和时间-平均浓度　　（b）数值模型模拟的平均深度净泥沙通量

（c）分析仿真的平均深度净泥沙通量

图 7.1　悬浮浓度和净通量的数值模型数值和分析仿真结果

——— 模型；·········分析仿真结果

注　取值：$\varsigma^* = 2\text{m}$，$f = 0.0025$。通量单位每年 t/m，向陆地方向呈正值。

7.5 节分析了净泥沙通量的组分贡献率，并进行了敏感性分析。研究表明潮汐非线性潮流组分（包括）如何决定泥沙输入和输出之间的平衡（其中 θ 是潮位 ς^* 和潮流 U^* 的相位差）。然后，确定了零净泥沙通量的参数组合。

针对 0.0001m/s、0.001m/s 和 0.01m/s 等沉降速率，图 7.8 表明：当潮流振幅从 1～4m 变化（即小潮到大潮），净泥沙输入或输出平衡如何变化。7.6 节概述了图 7.8 等早期成果。从深水到浅水环境，细颗粒泥沙输入与粗颗粒泥沙输出之间的平衡使泥沙颗粒向上游方向逐渐变细，即泥沙的分选和沉积。相比小潮期，大潮期间输入量增对，且包括了较粗的颗粒。

7.7 节对一系列河口的观测值与其理论动力条件、深度和泥沙情势进行对比，并将上述结果归纳为一个新的河口类型体系。

7.2 潮动力、咸潮入侵和径流

河口动力条件主要取决于潮汐和河口深度；在潮区界附近，径流调节作用明显。对于同步河口，第 6 章用潮位振幅和水深表示局部潮流振幅和相位，本节内容对其进行了概述。同样，本节对第 4 章中描述的与咸潮入侵和径流相关的主要动力特征也进行了简要归纳。

第 6 章和第 4 章采用的方法适用于三角形河口区的单个（主要）潮汐组分。可忽略对流梯度项和密度梯度项并线性表示摩擦项。研究表明（Prandle，2004 年），混合型河口区的潮汐扩散几乎完全不受咸潮入侵的影响。

7.2.1 一维潮汐扩散解析解

忽略动量方程中的对流项，河口潮汐扩散可表示为：

$$\frac{\partial U}{\partial t} + g\frac{\partial \varsigma}{\partial X} + f\frac{U|U|}{H} = 0 \tag{7.1}$$

$$B\frac{\partial \varsigma}{\partial t} + \frac{\partial}{\partial X}AU = 0 \tag{7.2}$$

式中：U 为 X 方向上的速率；ς 为水位；H 为总水深（$H = D + \varsigma$），D 为水深；f 为河床摩擦系数（趋于 0.0025）；B 为河道宽度；A 为过水断面面积；g 为重力加速度；t 为时间。

若重点考虑主要分潮 M_2 的传播，则在任一位置处的 U 和 ς 可表示为：

$$\varsigma = \varsigma^* \cos(K_1 X - \omega t) \tag{7.3}$$

$$U = U^* \cos(K_2 X - \omega t + \theta) \tag{7.4}$$

式中：K_1 和 K_2 为波数；ω 为潮汐频率；θ 为 U^* 相对于 ς^* 的滞后相位。

进一步假设三角形过水断面的边坡为定值，即 $U\partial A/\partial X \gg \partial U/\partial X$ 和 $\partial D/\partial X \gg \partial\varsigma/\partial X$，连续性方程可简化为：

$$\frac{\partial \varsigma}{\partial t} + U\frac{\partial D}{\partial X} + \frac{D}{2}\frac{\partial U}{\partial X} = 0 \tag{7.5}$$

主要分潮 M_2 的 $fU|U|/H$ 成分可近似表示为（Prandle，2004 年）：

$$\frac{8}{3\pi}\frac{25}{16}f\frac{|U^*|U}{D} = FU \tag{7.6}$$

其中

$$F = 1.33fU^*/D$$

定义同步河口的条件为潮位振幅的空间梯度为零，则 $K_1 = K_2 = k$，即 ς 和 U 的轴向传播波数相同。因此，有

$$\tan\theta = \frac{F}{\omega} = -\frac{SL}{0.5DK} \tag{7.7}$$

$$U^* = \varsigma^* \frac{gk}{(\omega^2 + F^2)^{1/2}} \qquad (7.8)$$

其中 $SL = \partial D / \partial X$，并且

$$k = \frac{\omega}{(0.5 Dg)^{1/2}} \qquad (7.9)$$

因此，在浅水区，U^* 值与 $D^{1/4}$ （ς^*/f）$^{1/2}$ 成正比，$\tan\theta$ 与 $D^{-3/4}$ （$\varsigma^* f$）$^{1/2}$ 成正比。

7.2.2 咸潮入侵

对于充分混合河口区，纵向盐度梯度 S_X 为定值，由方程（4.15）（Prandle，1985年）可得，在河床以上的某一高度 $z(z = Z/D)$ 处，与咸潮入侵有关的余流 U_s 可用以下表达式表示

$$U_s = g S_X \frac{D^3}{K_Z} \left(\frac{-z^3}{6} + 0.269 z^2 - 0.0373 z - 0.0293 \right) \qquad (7.10)$$

式中：K_Z 为垂向涡流扩散系数。

当充分混合时，由式（4.44）得咸潮入侵距离 L_I 为

$$L_I = \frac{0.005 D}{f U^* U_R} \qquad (7.11)$$

式中：U_R 为与径流有关的余流速率成分，S_X 可用"相应"的盐度梯度近似表示：

$$S_X = \frac{0.027}{L_I} \qquad (7.12)$$

在此假设涡流扩散系数与涡流黏滞系数相等，且

$$K_Z = E = f U^* D \qquad (7.13)$$

由式（7.10）、式（7.11）、式（7.12）和式（7.13），可得在河床位置 U_s 的估计量为

$$U_s = -1.55 U_R \qquad (7.14)$$

该值不受 f、U^* 或 D 的影响。此外，如第 5 章所示，U_R 的量级一般为 1m/s。因此，可预估与轴向盐度梯度有关的余流值，通常为 1m/s 或 2m/s。Prandle（2004 年）研究表明，若忽略对流倾覆作用，则式（7.10）中的 U_s 值会被低估，减小至正常值的 1/2。对于同步河口，分层通常要满足 $\varsigma^* < 1$m，如图 6.4 和图 6.5 所示（Prandle，2004 年）。然而，当 ς^* 值较大时，可能会出现潮内分层。这类分层作用会使 U_s 值显著增加，如 Dronkers 和 Van de Kreeke（1986 年）研究所示，在部分分层的沃尔克拉克（Volkerak）河口区，其 U_s 值高达 10cm/s。

7.2.3 径流

在强感潮河口区，由方程式（4.12）可得其径流垂向的近似值，如下所示：

$$U_R = 0.89 \overline{U}_R \left(-\frac{z^2}{2} + z + \frac{\pi}{4} \right) \qquad (7.15)$$

7.3 泥沙动力学

第 5 章给出悬浮泥沙浓度的局部解，本节其进行了简要概述，然后在 7.4 节对同步河口进行分析。

7.3.1 泥沙悬浮、侵蚀、沉积及其垂直剖面

不考虑对流和扩散的水平分量，可以用扩散方程表示悬浮泥沙的局部分布，如下所示：

$$\frac{\partial C}{\partial t} - W_s \frac{\partial C}{\partial Z} = K_z \frac{\partial^2 C}{\partial Z^2} - S_k + S_c \tag{7.16}$$

式中：S_k、S_c 分别为泥沙的汇和源。依据 Prandle（1997a 和 1997b）的相关研究，假定与侵蚀强度 M 对应的泥沙浓度时间序列如下：

$$C(Z,t) = \frac{M}{(4\pi K_z t)^{1/2}} \left[\exp - \frac{(Z+W_s t)^2}{4K_z t} + \exp - \frac{(2D+W_s-Z)^2}{4K_z t} \right] \tag{7.17}$$

该方程假设河床上泥沙沉积量是经表层反射后由于对流作用和扩散作用回到河床的颗粒。实测时间序列要综合前面所有"事件"。

（1）侵蚀。对于潮流 $U(t)$，侵蚀量 $ER(t)$ 可表示为下列的形式

$$ER(t) = f\gamma\rho|U|^N \tag{7.18}$$

式中：N 为速率指数，通常取值为 2～5；ρ 为水体密度。当 $N=2$ 时，（Prandle 等，2001 年）推出 $\gamma=0.0001/(\text{m/s})$。简便起见，本章采用 N 和 γ 的该组取值。这意味着侵蚀率直接与河床摩擦力成正比关系。

（2）沉积。第 5 章分析了式（7.16）的解，表明沉积量可以用指数函数 e^{-at} 近似表示，其"半衰期" $t_{50} = 0.693/a$，其中 a 取式（5.14）和式（5.15）中较大值，即

$$a = 0.693 \frac{W_s^2}{K_z} \tag{7.19}$$

$$a = 0.1 \frac{K_z}{D^2} \tag{7.20}$$

参数 $K_z/W_s D$ 表征控制力，与劳斯数（Rouse number）成反比例关系。第 5 章中给出，当 $K_z/W_s D = 2.5$ 时，悬浮半衰期达到最大。当 $K_z/W_s D \gg 1$，以扩散作用为主，泥沙在垂直方向上充分混合。相反，当 $K_z/W_s D \ll 1$，以对流沉降作用为主，泥沙趋近河床。图 5.4 给出不同 ς^* 取值情况下［式（7.8）和式（7.13）］ W_s 与 $K_z/W_s D$ 的关系，同时可以看到 $K_z/W_s D \sim 1$ 分界线如何和沉降速率 1mm/s 量级线相符；或与式（7.21）中颗粒直径 d 值（30μm 量级线）相符。7.5 节说明河口泥沙平衡尤其易受该粒径范围的泥沙影响。

$$W_s = 10^{-6} d^2 \tag{7.21}$$

为了构建分析模拟器，需要实现式（7.19）和式（7.20）两状态之间的连续转换。通过曲线拟合，图 5.2 可以通过式（5.17）近似表示：

$$a = \frac{0.693 W_s/D}{10^x} \tag{7.22}$$

其中 x 是下列方程的根：

$$x^2 - 0.79x + j(0.79-j) - 0.144 = 0 \tag{7.23}$$

其中 $j = \log_{10} K_z/W_s D$。

（3）悬浮泥沙的垂直剖面。在随后的净潮通量估计中，需要悬浮泥沙浓度垂向分布的连续函数。基于式（7.17）对剖面 $e^{-\beta z}$ 进行数值拟合，并用式（5.19）推导出的算式

如下：

$$\beta = \left[0.91\log_{10}\left(6.3\frac{K_Z}{W_s D} \right) \right]^{-1.7} - 1 \tag{7.24}$$

从图 5.5 可以看出，不同的 $K_Z/W_s D$ 取值条件下，由式（7.24）得到的 β 值及其相关的泥沙剖面。结果表明当 $K_Z/W_s D > 2$ 时，泥沙在垂直方向混合均匀；只有当 $K_Z/W_s D < 0.1$ 时，"推移质"才会出现。

7.4　泥沙浓度及其通量的分析模拟器

综合第 7.3 节的泥沙分析结果与第 7.2 节的动力分析结果，本节建立了计算净泥沙通量的"分析模拟器"（Prandle，2004 年）。假设侵蚀强度与速率的平方成正比，通过指数沉降速率调整侵蚀能力，从而得出泥沙浓度的平均潮汐变化组分。该方法假定连续周期性侵蚀和沉积共存，并且无阈值。图 7.7 总结了上述通量组分的确定方法，即如何通过潮汐及余流速率（修订为垂直结构组分）与沉积物浓度组分（同样修订为垂直结构）的乘积确定通量成分。

7.4.1　侵蚀速率组分

2.6.3 节表明，为保持潮汐变化的横截面的连续性，通过式（7.4）算得的 M_4 分潮必定伴随有 M_4 和 Z_0（余流）组分，其中横截面净通量为 U_1 乘以平均横截面：

$$U_2^* = -aU_1^* \left[\cos(2\omega t - \theta) \right]$$
$$U_0' = -aU_1^* \cos \tag{7.25}$$

式中：对于三角形河道，$\alpha = \varsigma^*/D$；而对于矩形河道，$\alpha = 0.5\varsigma^*/D$。

平均浓度。自本节起，为符号明确、清晰，用作指定潮汐振幅 ς^* 和 U^* 的星号被省略。假定侵蚀与速率 V 的平方成正比，M_2、M_4 和 Z_0 速率组分的展开式：

$$V^2 = \left[U_1\cos\omega t + U_2\cos(2\omega t - \theta) + U_0^2 \right] \tag{7.26}$$

其中 $U_0 = U_0' + U_R + U_s$，U_2 和 U_0' 详见式（7.25）以及 U_R 和 U_s 分别详见式（7.15）和式（7.10）。从而得出下列潮汐频率中的悬浮物质量组分［式（7.18）中的 $f\gamma\rho$］：

$$\left[U_1\cos\omega t + U_2\cos(2\omega t - \theta) + U_0 \right]^2 = V_0^2 + V_\omega^2 + V_{2\omega}^2 + V_{3\omega}^2 + V_{4\omega}^2$$

其中
$$V^2 = 0.5(U_1^2 + U_2^2) + U_0^2$$
$$V_\omega^2 = U_1 U_2\cos(\omega t - \theta) + 2U_0 U_1\cos\omega t$$
$$v_{2\omega}^2 = 2U_0 U_2\cos(2\omega t - \theta) + 0.5U_1^2\cos2\omega t \tag{7.27}$$
$$V_{3\omega}^2 = U_1 U_2\cos(3\omega t - \theta)$$
$$V_{4\omega}^2 = 0.5U_3^2\cos(4\omega t - 2\theta)$$

7.4.2　悬浮泥沙质量

由第 5.5 节式（5.20）可得，通过速率为 $e^{-\alpha t}$ 沉积作用调节、频率为 ω 时的各个周期侵蚀成分中的悬浮物质量：

$$C(t) = \int_{-\infty}^{t} \cos\omega t' e^{-\alpha(t-t')} dt' = \frac{\alpha\cos\omega t + \omega\sin\omega t}{\alpha^2 + \omega^2} \tag{7.28}$$

其中，时间序列反向积分求和表示对悬浮物浓度的其他全部影响。

因此，式（7.28）修正任意频率的侵蚀强度，计算出与 $1/(\alpha^2+\omega^2)$ 成正比的浓度。根据式（7.27）、式（7.28）和式（7.18），净悬浮物质量包括不同频率 σ 的各个组分，具体如下：

$\sigma=0$，质量组分 MC1
$$CD=f\gamma\rho\frac{[U_0^2+0.5(U_1^2+U_2^2)]}{\alpha} \tag{7.29a}$$

$\sigma=\omega$，质量组分 MC2　$CD=f\gamma\rho\frac{U_1+U_2}{\alpha^2+\omega^2}[\alpha\cos(\omega t-\theta)+\omega\sin(\omega t-\theta)] \tag{7.29b}$

$\sigma=\omega$，质量组分 MC3
$$CD=f\gamma\rho\frac{2U_0U_2}{\alpha^2+\omega^2}[\alpha\cos\omega t+\omega\sin\omega t] \tag{7.29c}$$

此外，式（7.29）中忽略了对沉积物净通量没有影响的组分。

图 7.1a（Prandle，2004 年）表示：获取相应的平均浓度可以通过周期性潮汐数值模型模拟式（7.17）以及式（7.29）中 $\sigma=0$ 组分。一系列 W_S 和 D 的取值，均表现出很好的一致性。图 7.1（a）的结果满足 $\varsigma^*=2\text{m}$，$f=0.0025$ 和 $U_R=0.01\text{m/s}$，并通过式（7.8）计算 U_1。

完整的浓度时间序列可以用 $\sigma=0$、频率为 $\omega\sim4\omega$ 时的各个成分的总和计算，如在式（7.27）所示，并通过速率为 $e^{-\alpha t}$ 的沉降作用调整后公式如式（7.28）所示。

7.4.3　净泥沙通量

泥沙通量包括侵蚀产物与（假定）恒定深度条件下速率的乘积。其中，侵蚀产物由公式（7.27）计算；若通过沉积作用调解，则通过式（7.28）计算；而假定的中水深常数为 $U_1\cos\omega t+U_{RS}$，其 $U_{RS}=U_R+U_S$。浓度垂直结构由 $e^{-\beta z}$ 近似表示，其中，β 值通过式（7.24）估算。得出的浓度时间序列可以通过式（7.27）中五个成分的总和进行计算，并考虑沉积率为 $e^{-\alpha t}$ 的沉积作用调整（第 7.3 节）。

与咸潮入侵和径流量相关的速率垂直结构可根据式（7.10）和式（7.15）分别确定。M_2 分潮的垂直结构可由下式近似表示：

$$U(z)=\overline{U}(0.7+0.9z-0.45z^2) \tag{7.30}$$

其中：$\overline{U}$ 为平均深度潮汐速率振幅。

不考虑垂直相位变化。对于 M_4 分潮，分析结果表明只有河床附近的值与深度平均值的比率是必需的；简便起见，假定为均衡垂直结构。

公式（7.26）中表征侵蚀作用的参数 U_1、U_2 和 U_0 代表河床速率。引入系数 P 和 Q 分别表示 U_1 和 U_{RS} 随深度的变化（相对于河床）。根据式（7.30），得 $P=1/0.7$，而根据式（7.14）和式（7.15），$Q=1/-0.69$。则净泥沙通量可以通过侵蚀成分式（7.27）与悬浮泥沙指数分布式（7.24）相乘求算，其中，侵蚀成分由悬浮泥沙质量式（7.28）修正；而垂向分布由速率成分（$PU_1\cos\omega t+QU_{RS}$）修正。后者与净半日水通量外加径流与盐水成分的假定一致。由此，余流泥沙通量（F）的公式如下所示：

$$F_1=\frac{1}{\alpha}QU_{RS}[U_0^2+0.5(U_1^2+U_2^2)] \tag{7.31a}$$

该式用于质量组分 MC1 和流量 QU_{RS}。

$$F_2 = \frac{1}{\alpha^2 + \omega^2} PU_1^2 U_2 (0.5\alpha\cos\theta - 0.5\omega\sin\theta) \tag{7.31b}$$

该式用于质量组分 MC2 和流量 $PU_1 \cos\omega t$。

$$F_3 = \frac{1}{\alpha^2 + \omega^2} PU_1^2 U_0 \alpha \tag{7.31c}$$

该式用于质量组分 MC3 和流量 $PU1 \cos\omega t$。

对于式（7.31），通量大小也通过 $f\rho\gamma$ 缩放，浓度通过垂直结构浓度 $\beta e^{-\beta} / (l - e^{-\beta})$ 进行修正。

第一部分 F_1（质量组分 MC1）代表与以下两个参数乘积相关的通量：时间平均 SPM 浓度和与径流量和咸潮入侵相关的余流，即式（7.29）中的 MC1。第二部分 F_2（质量组分 MC2）是以下作用的结果：式 7.26 中和两部分综合作用产生的半日 SPM 组分，通过半日潮流的平流输运。该通量的第一部分 $\cos\theta$ 可以理解为表示下游粗粒（大的 α 值）泥沙输出 [U_2 在式（7.25）中为负]。同样的，第二部分 $\sin\theta$ 代表上游细粒泥沙（小 α 值）的输入。第三部分 F_3（质量组分 MC3）与第二部分相似，以下情况例外：半日 SPM 组分由式（7.26）中的 U_0 和 $U_1\cos\omega t$ 两部分求得，即在式（7.29）中的 MC3。既然式（7.26）中 $U_0 \sim U_1' \sim U_2\cos\theta$，第三个通量成分使②组分中的 $\cos\theta$ 项增加 3 倍（如 7.5 节所示）。

平均深度通量符合图 7.2（a）条件：①其周期性潮汐数值模拟结果如图 7.1（b）所示；②而其上述解析解扩展的式（7.31）结果如图 7.1（c）所示。上述通量结果并不像浓度结果一样表现出高度一致性。然而，其基本规模和普遍大小与分析模拟器对于潮汐河口净泥沙通量的特征和敏感度分析结果有高度一致性。

图 7.1（b）和（c）表示浅水区中细颗粒泥沙的上游单宽泥沙通量最大值超过每年 1000t/m。深水区粗颗粒泥沙的上游单宽泥沙通量最大值则减小，且 $W_s > 0.002\text{m/s}$ 时，方向改变；当 $W_s = 0.005\text{m/s}$ 时，下游通量最大值出现。通过比较，20 世纪在默西河（Mersey River）的泥沙沉积量估计值包含了量级为 1000t/(a·m) 的净泥沙通量（Lane，2004 年）。

7.5 净泥沙通量中各组分的贡献

在第 7.4 节验证了分析模拟器的有效性，本节将采用模拟器分析泥沙通量中各组分的贡献，特别是确定零净通量（即测深稳定性）的条件。

7.5.1 泥沙通量组分：径流量、盐度和潮流

第 7.2 节中提到与径流量和盐度有关的余流速率组分 U_R 和 U_S 一般比 U_1 小两个数量级。任选 25 个英国河口，Prandle（2003 年）计算了 $\alpha = \varsigma/D = 2/3$ 时极端大潮时的平均值。通过式（7.25）估算，与变化河口横截面相关的 U_0 和 U_2 组分通常存在如下特征：①对于 U_2，与 U_1 差不多大但是比其小；②对于 U_0，比 U_1 小一个数量级。

对于 $\varsigma^* = 2\text{m}$ 以及 $f = 0.0025$，图 7.2（a）和（b）（Prandle，2004 年）表示以下两种条件下的余流泥沙通量：径流量 $U_R = -0.01\text{m/s}$ 以及式（7.10）计算的盐度速率 U_S。径流量产生的净下游泥沙通量随着水深增加和泥沙颗粒减小而增加。咸潮入侵产生的上游

泥沙通量随着深度增加而增加，$W_S = 0.002\text{m/s}$ 时出现最大值。由此，与式（7.31）中的 F_1 相关的净通量明显小于 F_2 和 F_3 的有关净通量。

图 7.2（c）和（d）显示潮汐耦合项 F_2 和 F_3 相关的净通量。这些耦合项的相对大小与 M_2 分潮的潮位和潮流间的相位差 θ 相关。通过一系列悬浮物半衰期 t_{50} 和 θ 值，图 7.3 表示余弦项和正弦项之间平衡的一般性质。如果 U_1 和 θ［式（7.7）和式（7.8）］对深度变化的敏感性相互抵消，则其贡献变化莫测。同样，它们对于悬浮物半衰期 t_{50}（或 W_S）的敏感度分别受 $\alpha/(\alpha^2+\omega^2)$ 和 $\omega/(\alpha^2+\omega^2)$ 的余弦项和正弦项影响。综合式（7.31）中各项对 α 和 θ 的敏感性，则对于浅水区的细泥沙颗粒（$\theta \to 90°$）而言，$\sin\theta$ 项为主；而对于浅区的粗颗粒泥沙，$\cos\theta$ 为主。

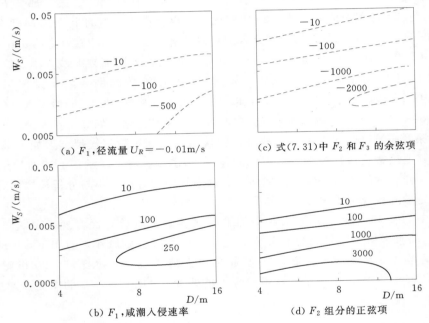

图 7.2   式（7.31）中的净平均深度泥沙通量组分
注   条件、规定、单位同图 7.1。

根据式（7.31），假定 F_1 中带有 U_1 的项占支配地位，并且 $U_0 \sim U_0' = -\alpha U_1 \cos\theta$，则 F_1 与 F_2+F_3 项的比率可以简化为（忽略参数 Q 和 P 以及浓度垂向结构的影响）：

$$\frac{0.5U_1^2 U_{RS}/\alpha}{0.5\alpha U_1^3 (3\alpha\cos\theta - \omega\sin\theta)/(\alpha^2+\omega^2)} \tag{7.32}$$

$U_{RS} = -0.01\text{m/s}$，令 $r = \omega/\alpha$，式（7.32）可简化为：

$$\frac{-0.01}{-\alpha U_1 \left(\dfrac{3\cos\theta}{1+r^2} - \dfrac{r\sin\theta}{1+r^2} \right)} \tag{7.33}$$

图 7.3（a）（Prandle，2004 年）表示 $(-3\cos\theta)/(1+r^2)$，图 7.3（b）表示 $(r\sin\theta)/(1+r^2)$，图 7.3（c）表示这两项之和。当时，上述各项在 $1\text{h} < t_{50} < 10\text{h}$ 的范围内均衡。在 7.7 节将进一步介绍参数 r 的重要性。

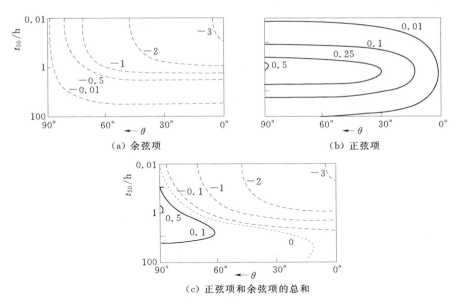

图 7.3 式 (7.31) 中的净输入项和输出项，即 $f(\theta, t_{50})$

7.5.2 零净泥沙通量的条件

为将上述通用结果转化为较为具体的河口条件，本节采用同步河口的动力解。从而可以通过非常熟悉的参数 ς^*（潮位振幅）和 D（水深）来表述上述结果，适用于此类河口的任意河段。

对于 (D, ς^*) 的任意组合，通过观察一系列沉降速率 W_s，发现在式 (7.33) 中主要向陆的和向海的潮汐耦合项可能会被抵消。图 7.4 （Prandle, 2004 年）表示以下参数条件下的"零通量"值：①半衰期 t_{50}；②粒径 d ［式 (7.21)］；③沉降速率 W_s ［式

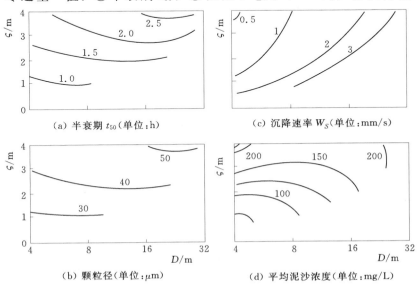

图 7.4 当 $f(D, \varsigma^*)$ 零净泥沙通量条件 ［即函数 $f(D, \varsigma^*)$，且 $U_0 = -0.01\text{m/s}$ 且 $f = 0.0025$］

（7.22）] 以及④平均浓度 [式（7.29）]。粒径 $30\mu m<d<50\mu m$ 时的值域与第 7.1.1 节中 Postma（1967 年）、Uncles 和 Stephens（1989 年）以及 Hamblin（1989 年）的分析结果一致。同样，沉降速率 $1mm/s<W_S<2.5mm/s$ 时的值域接近 Lang 等（1989 年）在威悉河（Weser River）采用的取值范围。此外，最新资料证明，絮凝沉降为主的河口其沉降速率 $W_S=1mm/s$（Manning，2004 年）。平均深度上的潮汐平均悬浮物浓度 $500mg/L<C<200mg/L$ 出现在 TM（Uncles 等，2002 年）数据中观测到的最大浓度 $10\sim10000mg/L$ 的最小值范围内。然而，这些估算值可能由于有效摩擦因子系数的变化大幅度增加；本节 $f=0.0025$。有趣的是，$K_z/W_S D=1.6$ 在（D,ς^*）范围内保持一定程度的恒定。如前所述，最大半衰期对应于 $K_z/W_S D=2.5$，并且与 $W_S=1mm/s$ 相符。这表明最大浓度与形态稳定条件共存。

7.5.3　对沉降速率 W_S 的敏感性

如图 7.4（c）所示，$W_S=1mm/s$ 和 $2mm/s$ 与稳定形态对应，通过式（7.26）和式（7.31）计算 $W_S=1mm/s$ 和 $2mm/s$ 的净泥沙通量和平均悬浮物浓度，如图 7.5（a）和（b）所示。对于细颗粒泥沙，其净通量均向上游输送，最低潮时和深水区除外。此外，这些上游通量的增量大约与 ς^3 成正比。相反，对于粗颗粒泥沙，其净通量均向下游输送，最高潮时和深水区除外。这些结果清楚地表明：在高潮-低潮之间、从河口口门到河口顶端、对于不同大小的泥沙颗粒，其净泥沙通量的方向和大小会发生剧烈变化。

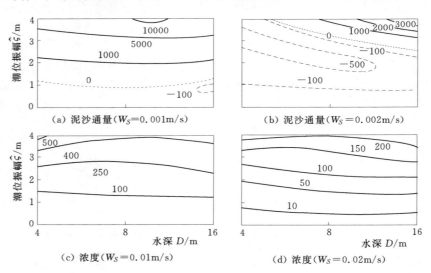

图 7.5　泥沙通量和浓度

注　泥沙通量单位为 t/（a·m），浓度单位为 mg/L，即 $f(D,\varsigma^*)$。

7.5.4　对河床摩擦系数 f 和沉降速率 W_S 的敏感性

通过对净通量中各组分的贡献率计算、分析表明：各组分随 ς 或 D 的变化小于沉降速率 W_S 和河床摩擦系数 f 的变化。图 7.6（Preandle，2004 年）表示 $\varsigma=3m$、$D=8m$、$0.0005m/s<W_S<0.05m/s$、$0.0005<f<0.0125$ 时与以下三个部分相关的组分：式

（7.33）中 U_{RS}、$\cos\theta$ 以及 $\sin\theta$。其结果与图 7.4、图 7.5 和式（7.28）相一致，余弦项占主导作用，从而在无摩擦河床上粗泥沙颗粒出现最大（成正比例的）向海通量。相反，正弦项使细颗粒泥沙在粗糙河床产生向上游的净通量。这两个结果强调了轴向泥沙分选的增强作用，如第 7.5 节中所示。相比之下，径流速率和盐度速率组分通常可以忽略，最深水区除外。而且，粗颗粒物质在向陆输移过程中，盐度组分的作用优于径流作用，对于细颗粒泥沙（更均匀分布）其情况相反。

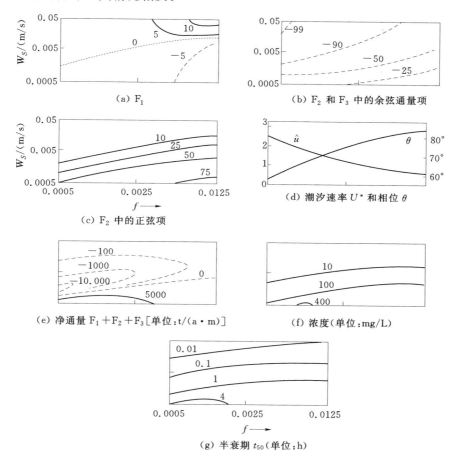

(a) F_1

(b) F_2 和 F_3 中的余弦通量项

(c) F_2 中的正弦项

(d) 潮汐速率 U^* 和相位 θ

(e) 净通量 $F_1 + F_2 + F_3$［单位：t/(a·m)］

(f) 浓度（单位：mg/L）

(g) 半衰期 t_{50}（单位：h）

图 7.6　动力、泥沙浓度以及净通量对沉降速率 W_S 和摩擦因子 f 的敏感度

注　图中为 $\zeta^* = 3m$ 和 $D = 8m$ 的分析结果。

很明显，U^* 和 θ 对于河床摩擦变化具有强敏感性，由此会影响浓度和通量，如图 7.6 (d) 所示。而图 7.6 (e) ～ (g) 表示净通量、平均浓度、悬浮物半衰期的相关敏感性。

7.6　泥沙的输入或输出

本节总结并解释了前述零泥沙净通量分析结果的应用。图 7.7 表示集成到上述分析模拟器中的动力和泥沙组分，从而得出零泥沙净通量的对应条件，即稳定测深状态。

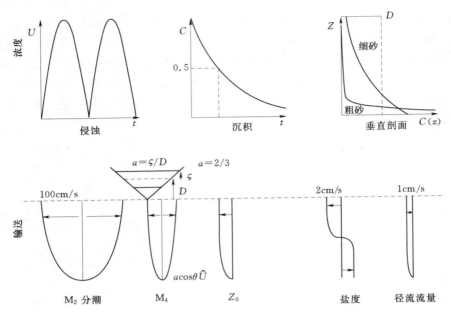

图 7.7 集成于分析模拟器中的动力与泥沙组分

7.6.1 对于半衰期 t_{50} 和潮位、潮流间相位差 θ 的敏感性

零泥沙净通量条件的敏感性见图 7.8，包括泥沙粒径变化、河口长度变化（通过深度变化表示）以及大小潮周期内的变化。细颗粒泥沙的净输送量通过式（7.33）定量表示并通过图 7.3（c）说明。在图 7.8（Prandle 等，2005 年）中，在潮位振幅 $\varsigma=$ 1m、2m、3m、4m 时的大小潮变化轨迹叠加到以上结果。这些变化轨迹是深度 $D=$ 4m 和 16m 以及沉降速率 W_S 为 0.01m/s、0.001m/s 和 0.0001m/s 的情况。θ 值由式（7.7）求得，并假定河床摩擦系数 $f=$ 0.001$(d/10)^{1/2}$，此处 d 为粒径并且在式（7.21）中 W_S 与 d 相关。t_{50} 的相应结果可从式（7.22）求得。

从小潮到大潮期间，θ（绝对值）增加，因此泥沙的输出量减少、且输入增加。同样的趋势出现在较浅水深处，强调河口如何在上游位置对泥沙进行拦截。然而，由于较多的细泥沙颗粒被拦截，f 的有效值减小，从而使式（6.12）中河口长度出现增加趋势。因此，部分平衡可能会

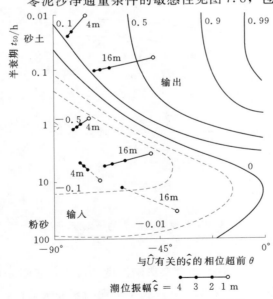

图 7.8 泥沙的净输入输出在大小潮循环中的变化
注 即式（7.33），函数 $f(t_{50}, \theta)$。深度为 $D=$ 4m 和 16m 时潮位振幅 $\varsigma^{*}=$ 1m、2m、3m、4m、$W_S=$ 0.0001m/s、0.001m/s 和 0.01m/s 条件下的变化。

占主导地位，主要由（海洋）泥沙供给种类和总量之间的平衡条件、细颗粒泥沙的捕获作用及其随后的动力条件增强等控制，其中，动力条件增强会增加深度。

根据图 5.2，$K_Z/W_S D < 2$ 时，取近似值 $\alpha = W_S^2/K_Z$，即 $r = \omega/\alpha = 3.5 \times 10^{-7} U^* D/W_S^2$。对于典型值 $U^* = 1 \text{m/s}$，$D = 10 \text{m}$，$W_S > 2 \times 10^{-3} \text{m/s}$ 时，$r < 1$。因此，根据式（7.33），对于较粗泥沙，其径流量及相关的咸潮入侵（包括每秒几厘米的速率）影响不大。

在潮汐影响为主的区域，泥沙输入与输出比率用式（7.33）括号中的分母项给出：

$$\frac{IM}{EX} = \frac{r}{3}\tan\theta = 0.4\left(\frac{fU^*}{W_S}\right)^2 \tag{7.34}$$

基于上述 α 近似值，替代式（7.7）中 $\tan\theta$，则零净通量符合以下条件：

$$W_S = 0.6fU^* \approx 0.0015U^* \tag{7.35}$$

（$f = 0.0025$）。对 W_S 的估计值和图 7.4（c）中的值吻合。

将式（7.35）中的 W_S 代入式（7.29），忽略 U_0 并使用上述 α 值，可以近似表示平均泥沙浓度的分布，因此：

$$\overline{C} = \frac{\gamma\rho fU^{*2}}{D\alpha} \approx \gamma\rho U^*(1 + \alpha^2) \tag{7.36}$$

如 7.2 节所述，在浅水中的 U^* 是与 $(\varsigma/f)^{1/2}D^{1/4}$ 成正比例的，因此，在形态稳定的情况下，浓度最大值往往发生在 $\alpha = \varsigma/D$ 较大且 f 较小时。对 α 的这种敏感度通过图 7.5（a）表示的浓度得到普遍证实。然而，图 7.6 特定条件下对 f 存在相当的敏感度，从而表明存在较为复杂的关系。

7.6.2 泥沙捕获与最大浑浊带

由上述可知：本节讨论的强潮河口会向上游输送细颗粒泥沙并遵循非线性潮汐矫正项的形式。该过程由于缺乏相应的河床泥沙用于再悬浮或接近潮汐边界处径流的抵消作用而被限制。

假定从小潮到大潮的潮汐变化为不同振幅的单个半日分潮，则大潮会输送更多泥沙；而且向陆输送的最大泥沙粒径将比小潮时大（图 7.8）。为了保持形态稳定，大潮净通量必须和小潮净通量平衡。因此，预计泥沙粒径变化范围广，且出现较为连续的悬浮，泥沙粒径范围与大小潮变化界限对应，即如图 7.4（b）所示：粒径一般为 $30 \sim 50 \mu\text{m}$。因此，这些过程综合作用，会使泥沙捕获与"分选"的模式随大-小潮周期和（接近潮区边界）枯-洪周期发生变化。然而，大小潮周期的近似简化忽略了伴随组分的作用；尤其是 MS_f 组分，在小潮-大潮变率的简化分析过程中显著提升了 z_0 分潮的作用。

如图 7.6 所示，净通量对于河床糙率的强烈敏感度也强调河床泥沙分布的反馈关系。通常发生在涨退潮和大小潮周期中，同时伴随长期、平缓的变化以及偶尔的极端事件发生。

所述周期内的分选机制和泥沙捕获的轴向累积会影响粒级、从而影响在 TM 区域的浓度。然而，其路径可能要与 ς/D 的一个最大值对应，并受径流作用和潮汐作用调节，而接近潮汐边界时径流作用最终超越潮汐作用而处优势地位。

7.6.3 关于潮汐动能学

研究表明泥沙的输入、输出平衡直接受潮位和潮流的相位滞后值 θ 决定，由此我们注意到与净潮能耗散的直接对应关系，其中潮汐能耗散与 $U^*\cos\theta$ 成正比。从而可以确定河口整体潮汐能平衡和局部横截面泥沙通量平衡间的联系。这种关系先前已被提出（Bagnold，1963 年）而且净潮能耗散最小化也被作为某些形态模型的稳定状态条件。

7.7　河口类型学

7.7.1　测深学

图 7.9 和图 7.10（Prandle 等，2005 年）表示英国 50 个河口的观测长度 L 和河口

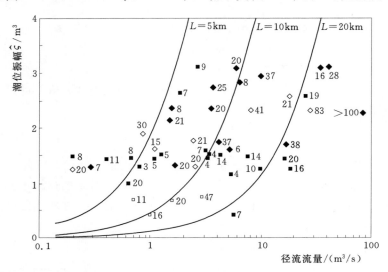

图 7.9　河口长度 L 的观测值和理论值函数 $f(Q, \varsigma)$〕对比
注　其中等值线表示 L 式（6.12）的理论值。河口观测数据如图 6.12 所示。

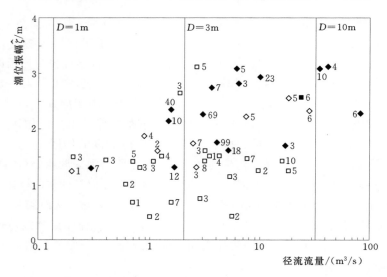

图 7.10　河口深度 D（m）（河口口门）的观测值和理论值函数 $f(Q, \varsigma)$〕对比
注　其中顶轴表示 D 的理论值，坡度 $\tan \alpha = 0.013$。河口观测数据如图 6.12 所示。

口门深度 D，为（Q，ς^*）的函数，即河口口门处的平均净流量和 M_2 分潮振幅。这些河口限于沙坝型或滨海平原型河口（Davidson 和 Buck，1997 年）。与对应的 L［式（6.12）］以及 D［式（6.25）］的理论值进行比较。总的来说，河口深度和长度的观测值与新的动力学理论结果相符。

对比分析表明，很明显沙坝型河口（bar-built estuaries）的深度较小。通过辨别实际深度与理论深度差异甚大的河口，可以对后冰期存在的较大流量进行估算。区域性的差异也可以用来推测缺少填充泥沙或有充足填充泥沙的海岸。

假设没有泥沙填充、而是由于平均海平面上升而加深，Prandle（2005 年）等人通过 $D_T(n) = D_O(n) - N S(n)$ 的最小二乘拟合估算出了河口的年龄，以 N 年表示。其中，下标 T 表示理论深度，下标 O 表示观测深度。$S(n)$ 是估计值，由 Shennan（1989 年）计算得出，表示图 2.12 中各河口的年平均海平面相对上升率。平均海平面的变化趋势表现为每年变化 $-5 \sim 2.0$ mm；过去 10000 年中，这相当于河口深度变化了 $-5 \sim 20$ m。其结果如下：溺湾型河口（Rias），$N = 11000$ 年；滨海平原型河口（Coastal Plain Estuaries），$N = 15000$ 年；沙坝型河口（Bar-built estuaries），$N = 100$ 年。这些结果基本证实了各类型河口发育过程中的形态分析结果（6.5.2 节）。

7.7.2 泥沙情势

图 7.11 中，将测深类型学进行了拓展应用，可以代表（水深和潮汐）平均 SPM 浓度［式（7.36）］和沉降速率，其中沉降速率与零净泥沙通量［式（7.35）］相符。另外三个

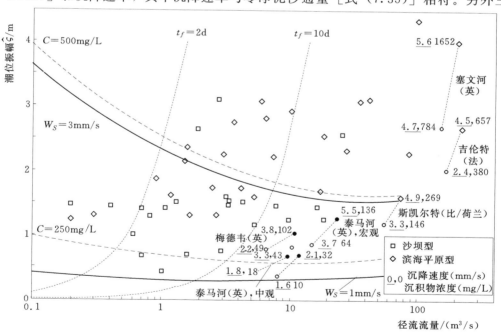

图 7.11 泥沙浓度和沉降速率的"平衡"值

注 河口冲刷时间；观测值对照平衡理论值：泥沙浓度 C［式（7.36）］（虚线）和沉降速率 W_S（7.35）（实线）。Dollard、Gironde、Medway、Schelde、Severn 和 Tamar（Manning，2004）的 W_S 和 C 观测值。●—大潮；○—小潮。冲刷时间通过式（7.37）求得点线表示。

欧洲河口的观测数据也包括在内（Manning，2004 年）。

根据式（7.35）和式（7.36），沉降速率 W_S 曲线、泥沙浓度 C 曲线与潮流振幅 U^* ［式（7.8）］曲线有直接联系。测深类型学阐明了许多河口存在高浓度细颗粒悬浮物的原因。W_S 的结果表明沉降速率的取值范围较小，通常在 $1 \sim 3 \mathrm{mm/s}$ 之间。

Manning（2004 年）的研究结果如图 7.11 所示，其研究结果表示在大部分欧洲河口中细粒泥沙的沉降观测，表明主要通过微小絮状物或大型絮状物的形成造成沉降，总是接近现行理论提出的范围。同样，悬浮泥沙浓度的主要观测值与理论值相一致。

图 7.11 也表示了典型冲刷时间的轨迹 T_F：

$$T_F = 0.5 \frac{L_I/2}{U_0} \tag{7.37}$$

其中，L_I 来自式（7.11）。

对于河水溶解泥沙或悬浮泥沙来说，显示值大体落在 $2 \sim 10 \mathrm{d}$ 之间（主要针对余流 $U_0 = 1 \mathrm{c/m}$ 时）。这些值与 Balls（1994 年）和 Dyer（1997 年）的观测结果范围一致。冲刷时间比主要半日潮汐周期更长，使来自海洋的营养物质能够持续较长时间，而冲刷时间低于 $15 \mathrm{d}$ 的大潮小潮周期可以有效地冲刷污染物。因此，这可能对两种冲刷时间给出的测深范围带来了生态学优势。

假设水下的细颗粒海洋泥沙进入河口后全部几乎完全保持连续悬浮状态（如盐），那么最小填入率 I_F 的估值可以由以下公式得出（Prandle，2004 年）：

$$I_F = \frac{\rho_s T_F}{0.69C} \tag{7.38}$$

式中：ρ_s 为沉积物的密度；C 为式（7.36）计算的平均悬浮浓度。

Prandle（2003 年）指出：当 $U_0 \sim 0.01 \mathrm{m/s}$ 时，式（7.38）表示深度从 $5 \sim 30 \mathrm{m}$ 需要的填充时间从 $25 \sim 5000$ 年。注意到"捕获率"通常只是进入率的一小部分（Lane 和 Prandle，2006 年），我们推测这些最小时间会增加一个或两个数量级。

7.8　小结及应用

第 6 章推导出了潮汐动力和咸潮入侵的同步河口解，将其进行扩展，包括侵蚀、悬浮物和泥沙沉积。将这些过程集成到"分析模拟器"中，得到悬浮泥沙的横断面通量的显式表达式，可以用来辨识零净通量（测深稳定）的条件。因此，这表明当潮汐振幅与深度比增加、泥沙粒度减小时，泥沙交换如何能从输出状态转为输入状态，为河口的泥沙捕获、分选和 TM 提供了充足的定量解释。

主要问题有：

是什么引起了悬浮泥沙的捕获、分选和高浓度？

涨落潮泥沙通量平衡如何调整、从而维持测深稳定性？

潮汐河口的悬浮细泥沙颗粒物浓度通常为 $100 \mathrm{mg/L}$ 到大于 $1000 \mathrm{mg/L}$，然而大陆架海域的浓度却总是小于 $10 \mathrm{mg/L}$。此外，第 8 章的观测和数值模拟研究表明只有一小部分净潮汐泥沙通量是永久沉积的。第 6 章引入"同步河口"的假设，说明河口深度测深如何通过潮位振幅ς^*、径流量Q和河床摩擦系数f（代表冲积层）决定。由于该理论没有考虑主要的泥沙情势，而出现了一个典型反论，认为泥沙情势是测深的结果，而不是其决定因素。

为了解释、分析上述反论，并解决上述问题，本章将潮汐动力和咸潮入侵的"同步"解扩展，引入泥沙动力学研究。（同步河口指与相变相关的轴向表面梯度大大超过振幅变化引起的轴向表面梯度。）泥沙侵蚀简化为最简单的形式，即与河床速率的平方成正比。Postma（1967年）根据第5章的区域"垂直扩散-对流沉降"模型，采用指数沉降速率分析半衰期为t_{50}的悬浮物延迟沉降。该泥沙模块与第6章的动力解结合构成"分析模拟器"，给出了泥沙浓度和横断面通量的显性表达式。通过与详细数值模型的模拟结果对比，评价这些解析表达式的有效性。如图7.1显示，在大范围的沉降速率W_S和水深D的条件下，浓度和净通量之间具有很好的一致性。

7.8.1 各组分贡献和敏感性分析

与咸潮入侵、径流量即潮汐非线性相关的余流量对泥沙通量的净贡献如图7.2所示。泥沙通量可以通过余流$U_s+U_R+U_{M2}$（深度的函数）与各自指数水深变量的乘积来估算，其中余流包含相关的泥沙浓度组分。由此产生的净通量表明净上游运动或净下游运动对W_S和f非常敏感。对于$\varsigma^*：D$比率较大的河口，即高低潮水位之间的横截面积存在大幅度变化，高次谐波和余流组分的贡献远远超过其他组分。

7.8.2 零净泥沙通量条件（即测深稳定）

潮汐非线性组分包括$\cos\theta$和$\sin\theta$（其中θ是ς^*和潮流U^*之间的相位差异），图7.3说明各组分如何确定泥沙输入、输出间的平衡。根据公式（7.32），可以确定符合零净泥沙通量的θ和t_{50}数值组合。图7.4表示t_{50}、粒径d、沉降速率W_S以及相关的悬浮泥沙通量C时的"零净通量"值，是ς^*和D的函数。

为了说明对W_S的极度敏感性，图7.55表示这些通量平衡如何随W_S值的加倍而变化，W_S的取值介于$0.001\sim0.002\mathrm{m/s}$。该敏感性说明如何产生选择性分选，并且解释了河口区如何捕获粒径范围为$30\sim50\mu\mathrm{m}$的物质。结果表明：零净通量时，$W_S\sim fU^*$。后一种关系与K_z/W_SD值（描述悬浮泥沙的基本换算因数）相符，K_z/W_SD值的取值范围为$0.1\sim2.0$，即接近最大悬浮泥沙浓度的条件。

图7.6表示悬浮物浓度、潮流振幅和相位（ς^*，θ）、悬浮物半衰期t_{50}等净通量组分对河床摩擦系数f的敏感性。由于净潮汐能量耗散与$\cos\theta$成正比，θ到f的敏感性强调河口区动力学的稳定性与泥沙悬浮、沉积之间的反馈关系。

7.8.3 泥沙净输入-输出变化：小潮到大潮、粗颗粒泥沙到细沙、口门到河口顶点

图7.8总结了前述研究结果，表示净输入-输出平衡如何随深度、沉降速率、潮汐振幅的变化而变化，其中，深度：$4\sim16\mathrm{m}$；沉降速率：$0.0001\mathrm{m/s}$、$0.001\mathrm{m/s}$和$0.01\mathrm{m/s}$；潮汐振幅：$1\sim4\mathrm{m}$（代表小潮到大潮的变化）。结果表明：从深水区到浅水区向上游运动过程中，细颗粒泥沙输入与粗颗粒泥沙输出之间的平衡使泥沙粒级变细，即选择性"分选"和捕获。同样的，对于粗粒级泥沙，大潮期比小潮期会有更多的泥沙输入。

总之，仿真模型为研究潮汐、径流与测深之间的平衡以及它们与主要泥沙情势之间的关系提供了新的见解。求得的维持稳定水深的条件拓展了早期涨潮主导和落潮主导的泥沙

情势概念，泥沙输入、输出在大潮-小潮周期内随泥沙类型变化而发生轴向变化。结果表明：这些稳定条件与很多河口的最大 SPM 浓度条件和主要沉降速率的观测值一致。

7.8.4   类型体系

第 6 章提出同步河口有关动力学、咸潮入侵的测深体系，类型体系的提出使测深体系理论得以扩展，可以用于表示与稳定测深一致的泥沙情势。类型体系与观测值的对比如图 7.9～图 7.11 所示。

将观测深度与理论深度的差值与河口形成以来海平面变化的年数联系起来，计算溺湾型河口（Rias）、滨海平原型河口（Coastal Plain）和沙坝型河口（Bar – Built）的代表年龄。

如前表第 6.6 节（a～i）所示，"混合"河口的动力和测深参数［如 6.6 节（a）至（i）所示］特征可以进一步扩展应用，引入以下泥沙参数：

（j）悬浮物浓度 $C \propto f U^*$ （7.39）

（k）平衡沉降速率 $W_s \propto f U^*$ （7.40）

总的来说，测深观测值和理论值相符证实了前面提到的反论（第 6 章）：主要的泥沙动力是当前潮动力和测深条件下泥沙分选和捕获的结果。由此假设潮汐振幅、径流和河床糙度变化将会决定有关的测深演变。通过泥沙供给和相对海平面的区域变化调整变化率。

参考文献

Aubrey, D. G. , 1986. Hydrodynamic controls on sediment transport in well – mixed bays and estuaries. In：Van de Kreeke, J. （ed.）, Physics of Shallow Estuaries and Bays. Springer – Verlag, New York, 245 – 285.

Bagnold, P. A. , 1963. Mechanics of marine sedimentation. In：Hill, M. N. （ed.）, The Sea：Ideas and Observations on Progress in the Study of the Seas, Vol. 3, The Earth Beneath the Sea：History. John Wiley, Hoboken, NJ, 507 – 582.

Balls, P. W. , 1994. Nutrient inputs to estuaries from nine Scottish East Coast Rivers：Influence of estuarine processes on inputs to the North Sea. Estuarine, Coastal and Shelf Science, 39, 329 – 352.

Davidson, N. C. and Buck, A. L. , 1997. An Inventory of UK Estuaries. Vol. 1. Introduction and Methodology. Joint Nature Conservatory Communication, Peterborough, UK.

Dronkers, J. and Van de Kreek, J. , 1986. Experimental determination of salt intrusion mechanisms in the Volkerak estuary, Netherlands. Journal Sea Research, 20 (1), 1 – 19.

Dyer, K. R. , 1997. Estuaries：A Physical Introduction, 2nd edn. John Wiley, Hoboken, NJ.

Dyer, K. and Evans, E. M. , 1989. Dynamics of turbidity maximum in a homogeneous tidal channel. Journal of Coastal Research, 5, 23 – 30.

Festa, J. F. and Hansen, D. V. C. , 1978. Turbidity maxima in partially mixed estuaries：a two – dimensional numerical model. Estuarine, Coastal and Marine Science, 7, 347 – 359.

Friedrichs, C. T, Armbrust, B. D. , and de Swart, H. E. , 1998. Hydrodynamics and equilibrium sediment dynamics of shallow, funnel – shaped tidal estuaries. In：Dronkers, J. and Schaffers, M. （eds）, Physics of Estuaries and Coastal Seas, A. A. Balkema, Brookfield, Vt. 315 – 328.

Grabemann, I. and Krause, G., 1989. Transport processes of suspended matter derived from time series in a tidal estuary. Journal of Geophysical Research, 94, 14373 – 14380.

Hamblin, P. F., 1989. Observations and model of sediment transport near the turbidity maximum of the upper Saint Lawrence estuary. Journal of Geophysical Research, 94, 14419 – 14428.

Jay, D. A. and Kukulka, T., 2003. Revising the paradigm of tidal analysis: The uses of non – stationary data. Ocean Dynamics, 53, 110 – 123.

Jay, D. A. and Musiak, J. D., 1994. Particle trapping in estuarine turbidity maxima. Journal of Geophyical Research, 99, 20446 – 20461.

Lane, A., 2004. Morphological evolution in the Mersey estuary, UK 1906 – 1997: Causes and effects. Estuarine Coastal and Shelf Science, 59, 249 – 263.

Lane, A. and Prandle, D., 2006. Random – walk particle modelling for estimating bathymetric evolution of an estuary. Estuarine, Coastal and Shelf Science, 68 (1 – 2), 175 – 187.

Lang, G., Schubert, R., Markofsky, M., Fanger, H – U., Grabemann, I., Krasemann, H. L., Neumann, L. J. R., and Riethmuller, R., 1989. Data interpretation and numerical modeling of the mud and suspended sediment experiment 1985. Journal of Geophysical Research, 94, 14381 – 14393.

Manning, A. J., 2004. Observations of the properties of flocculated cohesive sediments in three western European estuaries. In Sediment Transport in European Estuaries. Journal of Coastal Research, SI 41, 70 – 81.

Markofsky, M., Lang, G., and Schubert, R., 1986. Suspended sediment transport in rivers and estuaries. In: Van de Kreeke, J. (ed.) Physics of Shallow Estuaries and Bays. Springer – Verlag, New York, 210 – 227.

Postma, H., 1967. Sediment transport and sedimentation in the estuarine environment. In: Lauff, G. H. (ed.), Estuaries, Publication No. 83. American Association for the Advancement of Science, Washington, DC, 158 – 179.

Prandle, D., 1985. On salinity regimes and the vertical structure of residual flows in narrow tidal estuaries. Estuarine, Coastal and Shelf Science, 20, 615 – 633.

Prandle, D., 1997a. The dynamics of suspended sediments in tidal waters. Journal of Coastal Research, 25, 75 – 86.

Prandle. D., 1997b. Tidal characteristics of suspended sediment concentrations. Journal of Hydraulic Engineering, 123 (4), 341 – 350.

Prandle, D., 2003. Relationships between tidal dynamics and bathymetry in strongly convergent estuaries. Journal of Physical Oceanography, 33 (12), 2738 – 2750.

Prandle, D., 2004a. How tides and river flows determine estuarine bathymetries. Progress in Oceanography, 61, 1 – 26.

Prandle, D., 2004b. Saline intrusion in partially mixed estuaries. Estuarine, Coastal and Shelf Science, 59 (3), 385 – 397.

Prandle, D., 2004c. Sediment trapping, turbidity maxima and bathymetric stability in macro – tidal estuaries. Journal of Geophysical Research, 109 (C08001), 13.

Prandle, D., Lane, A. and Manning, A. J., 2005. Estuaries are not so unique. Geophysical Research Letters, 32 (23), L23614.

Prandle, D., Lane, A., and Wolf, J., 2001. Holderness coastal erosion – Offshore movement by tides and waves. In: Huntley, D. A., Leeks, G. J. J., and Walling, D. E. (ed), Land – Ocean Interaction, Measuring and Modelling Fluxes from River Basins to Coastal Seas. IWA publishing, London, 209 – 240.

Shennan，I.，1989. Holocene crustal movements and sea – level changes in Great Britain. Journal of Quaternary Science，4（1），77 – 89.

Uncles，R. J. and Stephens，J. A.，1989. Distributions of suspended sediment at high water in a macrotidal estuary. Journal of Geophysical Research，94，14395 – 14405.

Uncles，R. J.，Stephens，J. A.，and Smith，R. E.，2002. The dependence of estuarine turbidity on tidal intrusion length，tidal range and residence times. Continental Shelf Research，22，1835 – 1856.

8 可持续发展战略

8.1 引言

全球气候变化（GCC）导致海平面上升和风暴骤增，从而引起对全球河口生命力的普遍关注。本书分析了潮汐动力学、咸潮上溯、沉积和形态之间持续的相互作用以及相互影响。

8.2节以默西河口（Mersey Estuary）为例进行分析，根据潮汐、泥沙和河口测深条件等的100年变化记录，通过对比分析评价了一个高分辨率三维模型的性能。采用历史观测数据、近期观测数据以及前面章节所述的理论体系，对参数敏感性的集成模拟结果进行分析，从而减少未来预测结果的不确定性。

目前迫切需要开发一个可以表明形态变化性质、程度和变化率的模型。通过正确的测深信息和表层泥沙分布信息，"自下而上"的数值模型（即同默西研究类似，对动量、连续方程求解）可以准确地再现水位和潮流。然而，泥沙情势模拟所涉及的净通量通常取决于流量和泥沙悬浮之间的非线性耦合，其过程覆盖了较大范围的光谱量表。未来预测必须包括大范围的变化条件，因此，未来可能会出现的形态范围要明显加大。虽然"自下而上"的数值模型可用于敏感性分析，从而确定容易受侵蚀或沉积的区域面积，但是通过外推进行长期推测将变得越来越混乱。地貌学家使用"自上而下""基于规则"的模型（Pethick，1984年）替代"自下而上"模型预测水深变化。基于观测测深通常符合简化动力标准，该模型大量使用"稳定性标准"。由于观测测深符合简化动力标准会扩展至千年，因此"自上而下"方法为河口问题研究提供了长期的解决方案。

8.3节采用显性公式和理论体系对全球气候变化（GCC）可能产生的影响进行预测，对河口测深的可能变化进行了定量估算，直至2100年，并且对潮汐、风暴、咸潮上溯和泥沙情势等方面的附带影响进行了讨论。

8.4节说明了河口长期管理的策略，也介绍了建模、观测、监测和预测的方法。为了解决全球气候变化（GCC）问题，附录8A强调了全球范围内建模和监测的潜力。

8.2 默西河口（Mersey Estuary）的模型研究

默西河口案例说明了如何利用从过程"测量"、延伸"观察"到"永久性监测"的观测数据，来构建和验证精细数值模型。同时，也说明了如何采用前面章节所述的理论体系解释敏感度集成模拟结果。

8.2.1 默西河（The Mersey）的潮汐动力、泥沙组成和地形演变

默西河在小潮变为大潮时的极值间潮差范围为 4～10m。因为默西（Mersey）河口在航运中的重要作用，因此其相关研究非常广泛。在 45km 的长河口区口门处有大约宽1.5km、平均深度（海图基准面以下）为 15m 的"峡谷"（图 8.1；Lane 和 Prandle，2006 年）。通过"峡谷"时，潮流的速度可以超过 2m/s。在口内盆地向上游，宽度可以达到 5km，在浅水区存在大面积裸露区域。淡水流入河口，流量 Q 的变化范围为 25～300m³/s，平均"流量比"约为 0.01（Q×12.42h/高水位和低水位之间的体积）。流量比小于 0.1 通常表示混合条件良好［式(4.66)］，尽管在潮汐周期的某些阶段，默西河（the Mersey）只是部分混合。

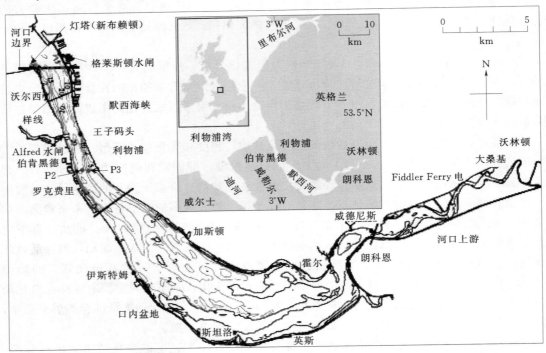

图 8.1　利物浦湾（Liverpool Bay）和默西河口（Mersey Estuary）位置图

注　1992 年样线与位置 P2、P3 对应；验潮仪用圆点表示。深度（1997 年测深）用米表示，为英国西南岸康沃尔郡纽林的平均海面（Ordance Datum Newlyn，ODN）以下。海图基准面大约为最低天文潮位，在英国西南岸康沃尔郡纽林的平均海面以下 4.93m。

1. 悬浮泥沙和净沉积

图 8.2（Lane 和 Prandle，2006 年）表示 1986 年和 1992 年观测的海峡附近的悬浮泥沙时间序列；表 8.1 对观测结果进行了总结。1986 年的观测结果包括沿峡谷分布的 5 个同步系泊观测设备，对大潮和小潮期的净泥沙通量进行了估算。Prandle 等（1990 年）分析了四组 SPM 观测数据，表明潮汐平均横截面的平均浓度是潮汐振幅 ς^* 的函数，具体如下：$\varsigma^*=$ 2.6m 时，$SPM=32$mg/L；$\varsigma^*=3.1$m，$SPM=100$mg/L；$\varsigma^*=3.6$m 时，$SPM=200$mg/L；$\varsigma^*=4.0$m 时，$SPM=213$mg/L。这些值与平均潮位时 40000t 的潮汐通量

（落潮或涨潮）对应，小潮时会低至 2500t，大潮时将增至 200000t，这与 Price 和 Kendrick（1963 年）早期的水力学模型结果基本一致。

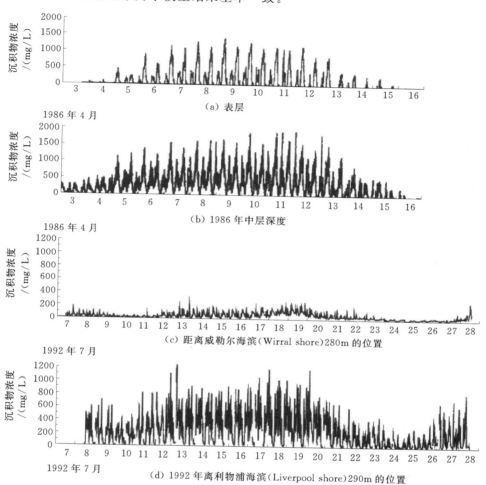

图 8.2　默西河口峡谷的泥沙浓度观测结果

表 8.1　　　　　　　　　　　　悬浮泥沙浓度、净沉积和净潮汐通量

泥沙沉降速率 W_S /(m/s)	位置 P2 的悬浮泥沙浓度/(mg/L)			净沉积泥沙 t /(10³t/a)	净潮汐通量/(10³m³/s)		
	平均值	最大值	最小值		大潮	小潮	
0.005	25	67	0	1800	46.5	2.3	拉格朗日模型（Lagragian model）
0.0005	213	442	0	4900	306.0	8.8	拉格朗日模型（Lagragian model）

续表

	位置 P2 的悬浮泥沙浓度/(mg/L)			净沉积泥沙 t /(10^3t/a)	净潮汐通量/(10^3 m³/s)		
	平均值	最大值	最小值		大潮	小潮	
1986 年的观测值	300	1100	0		200.0[b]	60.0[b]	观测值（表层）
	500	1500	0				观测值（中深层）
1992（1）	53	115[d]	0				
（2）	250	1500[d]	0				
				2300[a,c]			Bathymetric records

注　1. [a]Lane（2004 年）；[b]Prandle 等（1990 年）；[c]Thomas 等（2002 年）；[d]90％的泥沙浓度低于该值。

　　2. 观测值：样线 P2 - P3（如图 8.1）：离威勒尔（Wirral）280m，离利物浦海滨 290m。

　　3. 来源：Land 和 Prandle，2006 年。

Hutchinson 和 Prandle（1994 年）用沉积物岩心中的污染物序列来估计在相邻并类似规模的迪河河口（Dee Estuary）的净吸积率。其中，1970—1990 年之间，净吸积率总计达到 0.3Mt/a；1950—1970 年间，总计达到 0.6Mt/a。Hill 等（2003 年）用原位瓶装样品推测沉降速率 W_s，大潮时沉降速率为 0.0035m/s，小潮时为 0.008m/s。值得注意的是，颗粒直径 $d(\mu m) \sim 1000 W_s^{1/2}$(m/s)，上述沉降速率值与 $d=59\mu m$ 和 $d=89\mu m$ 分别相当。

2. 测深

测深数据可以根据默西码头及港口公司（Mersey Docks 和 Harbour Company）1906年、1936 年、1956 年、1977 年和 1997 年开展的调查结果获取。默西河口峡谷的净容量存在差异，一个数据集到下一个数据集间相差几个百分比。最大的变化出现在口内盆地的潮间带，特别是从霍尔（Hale）和斯坦洛（Stanlow）到朗科恩（Runcorn）之间的区域，其低水位通道的位置很容易变化，并且连续调查的结果中容量差异超过了 10％。总体而言，1906—1977 年之间，河口容积减少了约 60mm³ 或 8％，尽管在过去一个世纪里海平面平均每年上升了 1.23mm（Woodworth 等，1999 年）。此后，河口容量只增加了 10mm³。

8.2.2　模拟方法

本节将说明 3D 欧拉水力学模型耦合拉格朗日沉积模块（3D Eulerian hydrodynamic model coupled with a Lagranian sediment module，Lane 和 Prandle，2006 年）的性能和局限性，该模型旨在量化对河口泥沙情势的影响，并且表明水深演变的速率和性质。特别强调以下各种敏感性试验〔包括河床糙率、涡流黏度、泥沙供给（粒径 10～100μm）、咸潮上溯的敏感性试验〕中泥沙浓度和泥沙通量变化的定量分析以及二维与三维水力学模型的对比分析。此外，该模型不考虑反演粗砂的推移运动。

SPM 通常具有高度异质性，考虑到对 SPM 进行监控的能力有限，研究中采用了一系列的观测数据用于评估模型性能。数据包括悬浮浓度（平均值和"90％"分位值的轴向剖面）、横截面的潮汐和余流通量、大小潮时河口净悬浮和净沉积、表层泥沙分布和水深演变序列。

欧拉水力学模型为拉格朗日"随机游走"颗粒模型提供速率、高程和扩散系数，其中拉格朗日模型中有高达一百万个颗粒代表泥沙运动。同时还包括干湿交替体系（wetting-and-drying）用于解释广泛的潮间带，其外部胁迫力包括默西峡谷向海边界的特定潮位组分和河口顶部的径流。该模型在水平方向上采用 120m 的矩形网格，垂直方向上则采用 10 级 Sigma 坐标系。

模型的校准（Lane，2004 年）包括"扰动"的模拟效果，"扰动"即改变平均海平面、河床摩擦系数、垂直涡流黏度和径流量。然后，确定最优组合使潮位组分的观测值和模拟值之间的差异最小化。该模型对测深和河床摩擦系数的变化尤为灵敏，特别是口内盆地的测深和河床摩擦系数。只有径流排放量明显大于常规排放量时，径流量才会有显著影响。

8.2.3 非黏性泥沙的拉格朗日随机游走颗粒模块

随机游走颗粒模型对连续时间步长 Δt 的河床以上高度 Z 以及在以下运动之后每个颗粒的水平位置进行计算，在此基础上复制欧拉对流-扩散方程（Eulerian advection-diffusion equation）的解：①垂直对流运动 $-W_s\Delta t$（向下）；②扩散位移 l（向上或向下）；③水平对流。

位移长度 $l=\sqrt{2K_z\Delta t}$（Fischer 等，1979 年），其垂直涡流黏度系数 K_z 由 fU^*D 近似表示，其中 f 是河床摩擦系数，U^* 是潮流振幅，D 是深度。在该扩散步骤中，与水面和河床的接触受到弹性反射。沉积发生在离散对流沉降阶段 $W_s\Delta t$，粒子到达河床时。对于任何含有沉积颗粒的网格，由于侵蚀潜势的时间积分，新颗粒被释放进入悬浮状态。

这里采用了一种简单的侵蚀源算法：

$$ER=\gamma\rho fU^P \tag{8.1}$$

式中：ρ 为水的密度，并且假定 $P=2$。P 值已经确定，那么后续浓度、通量和沉积率的计算都跟系数 γ 线性相关。$\gamma=0.0001$ 时，与图 8.2 中的值可以比较的悬浮泥沙浓度。潮汐和余流的横截面通量的相应值也与表 8.1 中的观测值基本对应。

8.2.4 沉降速率模拟，$W_s=0.005\text{m/s}$ 和 0.0005m/s

图 8.3（Lane 和 Prandle，2006 年）表示从泥沙最初输入开始后的两个大小潮周期内、从河口口门向陆地的连续位置的断面平均悬浮泥沙浓度。选择的例子分别是泥沙沉降速率 $W_s=0.005\text{m/s}$（粗砂 $d=70\mu\text{m}$，黑线）和 $W_s=0.0005\text{m/s}$（细砂 $d=22\mu\text{m}$，灰线）时的泥沙浓度。

假设开始时河口没有泥沙，采用侵蚀公式（8.1）在模型的向海边界引入所有颗粒。此外，假设泥沙能够无限补给，且轴向泥沙浓度梯度为 $0(\partial C/\partial X=0)$。为反映表层泥沙分布变化对河床摩擦系数的影响，指定 $f=0.0158W_s^{1/4}$。

当 $W_s=0.0005\mathrm{m/s}$（灰线）时，悬移泥沙时间序列主要是从河口口门的半日周期（与对流相关）到上游的 1/4 日周期（与局部的再悬浮相关）产生变化。即使在河口口门附近，大潮时仍会产生重要的 1/4 日周期组分。在接近河口口门的位置，峰值浓度出现在最大潮之后的约三个潮汐周期，然而再往上游，这种滞后将延伸至达七个周期。

对于 $W_s=0.005\mathrm{m/s}$ 的粗砂（黑线），如图 8.3 所示，尽管"调整"率较缓需要较长时间的模拟，从而在上游引入粗粒泥沙，浓度大幅度降低主要局限于向海区域。时间序列以 1/4 日周期为主，且其峰值浓度与峰值潮汐重合；正如 5.5 节所述，悬浮泥沙半衰期更短。

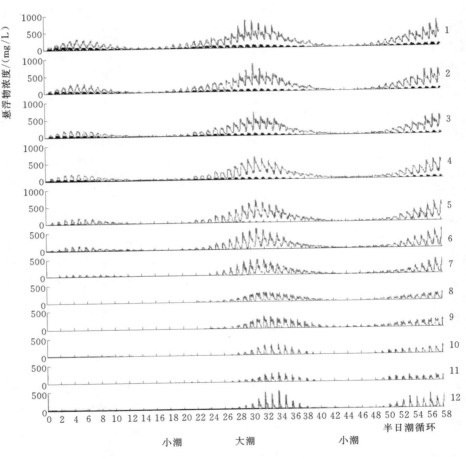

图 8.3　默西河（Mersey）12 个位置的悬浮泥沙浓度
1—河口口门；12—河口顶点；灰线—沉降率 $W_s=0.0005\mathrm{m/s}$；黑线—沉降率 $W_s=0.005\mathrm{m/s}$

图 8.4（a）表示河口模型中河口口门处对应的泥沙累计流入量和流出量的时间序列（Lane 和 Prandle，2006 年）。如图 8.4（b）所示，泥沙流入和流出量的区别表明存在净悬浮泥沙（高频）和净沉积泥沙（低频）的区别。当 $W_s=0.0005\mathrm{m/s}$ 时，泥沙的平均潮汐交换量大约为每次潮汐 110000t，其中每次潮汐大约保留了 6%，即 7000t；当

$W_S = 0.005\text{m/s}$ 时，平均潮汐交换量为 22000t，其中每次潮汐大约保留了 12%，即约 3000t。

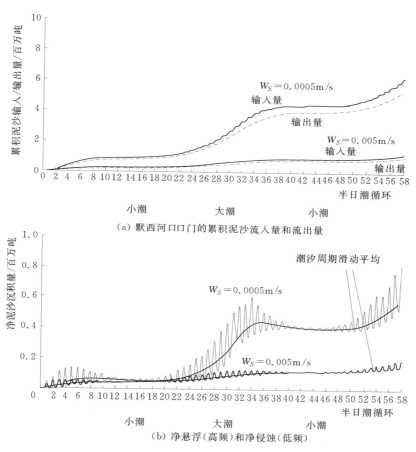

（a）默西河口口门的累积泥沙流入量和流出量

（b）净悬浮（高频）和净侵蚀（低频）

图 8.4 河口口门的泥沙通量及河口净悬浮和净侵蚀

8.2.5 对泥沙粒径的敏感性

Lane 和 Prandle（2006 年）对敏感性测试的所有细节进行了分析，见表 8.2 和表 8.3。为了对模型进行更加广泛的定量评价，对单一小潮-大潮周期进行了模拟，粒径范围为 $10 \sim 100 \mu m$ 的模拟结果见表 8.2。

模拟结果显示，平均悬浮泥沙浓度大致随 d^{-2} 变化而变化。方程（7.29a）表明，细砂到粗砂的变化范围为 $d^0 \sim d^{-4}$。随泥沙变细，陆向入侵程度逐步增加。当 $d = 30 \mu m$ 时，最小捕获率为 2.8%，相应的沉积率为每年 1Mt。随着泥沙粒度的增加，捕获率也逐渐增加（$d > 30 \mu m$），浓度相应减少，从而在 $d = 60 \mu m$ 产生最大沉积率为每年 1Mt。该最大沉积值接近 Hill 等（2003 年）研究发现的 $W_S = 0.003\text{m/s}$（$d = 54 \mu m$）时的最大泥沙值。7.5 节表明，和净沉积或净侵蚀量为零时的"平衡"条件对应的悬浮泥沙粒径范围为 $20 \sim 50 \mu m$。出人意料的是，在整个 $d = 30 \sim 100 \mu m$ 范围内，净沉积率保持在每年 1Mt $\sim$ 2Mt 之间。该沉积率和观测到的结果非常一致（表 8.1）。

表 8.2 模拟泥沙对粒径 d (10～100μm) 的敏感性,(a) 最大浓度 (90%分位)(b) 平均浓度 (c) 大小潮时河口范围内平均悬浮泥沙和净沉积泥沙

(a)

$d/\mu m$　从口门处到上游,以 2km 间隔的,90 百分位处悬浮泥沙浓度/(mg/L)

10	4186	3896	3804	3366	3274	3167	2471	1525	1052	714	560	470	500	348	309	217	162
20	369	344	325	297	258	240	218	183	140	84	52	37	36	20	19	20	12
30	169	148	133	101	89	67	47	29	12	6	3	2					
40	140	118	103	75	64	45	26	12	5	3	2	1	1				
50	108	95	83	62	53	35	16	7	4	3	2	1	1				
60	83	72	65	47	39	22	8	3	1								
70	63	56	50	38	29	16	5	1									
80	50	45	40	30	22	11	2										
90	39	35	29	22	16	7											
100	31	29	25	17	12	4											

(b)

$d/\mu m$　从口门处到上游,以 2km 间隔的平均悬浮泥沙浓度/(mg/L)

10	1645	1465	1423	1183	1118	1049	875	669	562	418	252	177	173	119	106	81	92
20	176	157	151	128	120	108	93	75	60	43	27	17	15	8	7	5	5
30	68	56	47	34	27	20	14	8	4	2	1						
40	51	41	33	22	17	11	6	3	1	1							
50	41	33	27	19	14	8	4	2	1								
60	32	26	20	14	10	5	2										
70	23	19	15	10	7	3											
80	18	14	11	7	5	2											
90	13	10	8	5	3	1											
100	10	8	6	3	2												

(c)	悬浮泥沙		沉积泥沙		泥沙交换		年沉积泥沙量	单位泥沙交换量中的沉积率/%	平均悬浮泥沙量
$d/\mu m$	小潮	大潮	小潮	大潮	小潮	大潮			
10	156.21	1531.21	28.40	420.84	57.53	2508.81	66400	10.5	640.06
20	2.15	206.55	0.99	61.07	9.80	490.07	5000	5.9	75.75
30	3.97	34.77	0.67	4.93	5.86	106.96	1000	2.8	15.03
40	2.31	22.62	0.54	5.06	5.51	87.48	1200	4.4	9.46
50	1.77	18.07	0.05	6.12	4.14	71.20	1400	6.2	7.47
60	1.13	12.97	0.04	7.15	3.21	58.85	2000	10.5	5.19
70	0.79	9.28	0.56	6.49	2.93	43.83	1800	12.3	3.69
80	0.58	7.36	0.23	7.64	2.02	36.91	1700	14.0	2.87
90	0.41	5.48	0.14	7.54	1.70	30.55	1600	16.9	2.11
100	0.26	4.48	0.10	5.62	1.15	25.09	1400	18.6	1.64

注 1. 单位 10^3t;
2. 来源:Lane 和 Prandle,2006 年。

8.2.6　对模型参数的敏感性

模型对下列参数的响应进行量化：潮流的垂直结构、涡流扩散率、盐度、河床摩擦系数和泥沙补给。

如表 8.3 表示当 $W_S = 0.0005 \text{m/s}$、$d = 2200 \mu\text{m}$ 时对于游程数的敏感性：

（R1）无垂直剪切流，即二维水动力模型。

（R2）随深度不断变化的涡流扩散系数，$K_z(z) = K_z(-3z^2 + 2z + 1)$，即河床的深度平均值 K_z，在 $z = Z/D = 0.33$ 处，为 $1.33K_z$；在水表为 0。

（R3）$K_z(t)$ 值随时间变化，并具振幅为 $0.25K_z$ 的 1/4 日周期变化，其峰值出现在潮流峰值后一个小时。

（R4）平均盐度驱动的余流剖面式（4.15）

$U_z = gS_X D^3/K_z(-0.1667z^3 + 0.2687z^2 - 0.0373z - 0.0293)$，其中盐度梯度 S_X 在 40km 的轴向长度取值。

（R5）河床摩擦系数减半，$f = 0.5 \times 0.0158W_S^{1/4}$。

（R6）河床摩擦系数加倍，$f = 2.0 \times 0.0158W_S^{1/4}$。

（R7）河口口门的侵蚀率为 0.5γ，即海洋泥沙供给率的一半。

（R8）基线模拟。

表 8.3　　模拟泥沙的敏感性，$R1 \sim R8$，$W_S = 0.0005 \text{m/s}$，$d = 22 \mu\text{m}$

(a)

游程数　从口门处到上游，以 2km 间隔的平均悬浮泥沙浓度/(mg/L)

(1)	127	109	98	77	67	58	47	34	25	16	10	6	4	2	2	1	1
(2)	333	304	311	263	253	234	205	171	141	106	71	50	49	35	29	23	25
(3)	132	117	112	95	89	79	69	58	48	36	26	17	17	8	7	5	5
(4)	127	112	104	84	76	68	56	43	32	21	12	7	5	2	2	1	1
(5)	48	42	40	33	31	28	22	17	14	10	7	4	2	1	1	1	1
(6)	196	171	155	127	116	105	86	60	42	24	12	7	5	2	1	1	1
(7)	73	65	60	49	44	38	30	23	16	10	5	2	2	—	1	1	—
(8)	125	109	102	84	76	67	55	44	34	23	4	8	7	3	2	1	1

(b)

游程数　从口门处到上游，以 2km 间隔第 90 个百分位点处的平均悬浮泥沙浓度/(mg/L)

(1)	290	250	229	182	166	144	118	86	63	40	24	16	16	10	9	7	9
(2)	807	783	799	742	703	615	534	420	336	206	147	111	98	72	63	55	45
(3)	279	259	257	218	208	186	171	148	114	81	63	48	52	31	24	22	18
(4)	277	249	237	188	177	165	141	115	77	44	24	17	15	8	6	4	3
(5)	90	84	82	70	67	62	53	44	37	28	18	16	16	8	6	7	5
(6)	388	347	328	265	254	240	210	151	90	55	33	22	17	8	7	5	1
(7)	149	137	133	107	99	93	81	59	36	18	11	8	7	4	4	1	1
(8)	278	250	245	199	183	163	148	121	82	46	29	21	19	10	7	8	5

续表

（c）	悬浮泥沙		沉积泥沙		泥沙交换		年沉积泥沙量	单位泥沙交换中的沉积率/%	平均悬浮泥沙量
游程数	小潮	大潮	小潮	大潮	小潮	大潮			
（1）	8.58	70.21	−0.88	10.73	9.14	182.69	2200	3.8	31.03
（2）	21.91	476.73	−1.20	118.22	11.49	1020.43	9300	5.9	167.55
（3）	8.60	124.63	−1.17	30.70	8.41	289.48	3200	5.1	47.21
（4）	7.78	121.18	−0.99	26.61	7.72	285.81	2700	4.3	45.21
（5）	4.08	23.55	−0.58	2.83	4.44	60.80	800	3.5	11.84
（6）	19.11	134.84	−1.51	23.94	17.92	310.08	3000	3.6	62.73
（7）	6.62	61.39	−0.48	6.31	5.28	134.45	800	2.6	26.10
（8）	8.32	116.75	−1.59	24.30	6.71	271.36	2500	4.2	44.54

注　1. 单位为 10^3 t；

　　2. 参数如表 8.2 所示；

　　3. $d = 22\mu m$，$W_S = 0.0005$ m/s；

　　4. 来源：Lane 和 Prandle，2006 年。

虽然泥沙浓度和净通量的计算值变化明显也不规则，但是净沉积量较为稳定。如表 8.3 所示，模拟结果对河床糙度、涡流扩散系数和黏度的敏感度非常显著、复杂。对河床糙度和泥沙补给的敏感性引起了对新的动植物迁移的普遍关注，新的动植物迁移可能导致"形态转换"，其可能具有明显的后果。

为了充分理解这些敏感性，可以根据 Prandle（2004 年）粗略估计浅水区下列要素对摩擦因子 f 的依赖性：

潮汐速率振幅 $U^* \sim f^{-1/2}$；泥沙浓度 $C \sim f^{1/2}$；潮汐泥沙通量 $U^* C \sim f^0$；余流泥沙通量 $<UC> \sim U^* C\cos\theta \sim f^{1/2}$。其中，$\theta$ 是相对潮流的潮位相位滞后，余流泥沙通量与上游净沉积对应。其理论结果与两种泥沙类型的模拟结果一致，即浓度及余流通量随着 f 值的增大而增加。

8.2.7　小结

经过一个世纪的测深调查，结果表明：河口容量每年的净亏损量大约为 0.1% 或 1000000m³。在欧洲西北部的许多大河口也发现了类似的损失率。海平面每年上升 1.2mm 表示年增长率仅为 0.02%。在高度动态的水文情势下，相对测深稳定状态持续存在，悬浮泥沙浓度超过 2000mg/L、大潮通量为 200000t。测深序列的详细分析表明：最为显著的变化出现在河口上游和潮间带。长达 63 年的河口下游区域潮位记录表明 M_2 和 S_2 分潮没有改变。

三维欧拉高分辨率模型与拉格朗日随机游走泥沙模数耦合，从而表明主要通量包含大潮中的细沙（淤泥）。泥沙粒径近 50μm 时，泥沙净输入的模拟值与观测值高度一致-泥沙疏浚记录和现场观测数据表明此类泥沙占优势。该模型表明，径流量、咸潮上溯或渠道深化对泥沙情势的影响不大。相反，泥沙净通量不仅对河床摩擦系数 f 敏感，而且对潮汐速率和潮汐高程之间的相位差 θ 也很敏感。

模型结果表明：上限填充率每年高达 10Mt 和高达 5Mt 的年疏浚率相匹配。粗砂的有限机动性与细砂的连续悬浮特性进行了对比。对于极细颗粒泥沙，虽然模型结果表明其沉淀率可能会显著增加，但是临近海岸带的细颗粒泥沙非常有限，因此沉淀率会受到限制。目前该方法可以快捷地扩展，用于研究底部泥沙的生物调节作用、波浪的影响以及混合泥沙的固化作用和相互作用。

8.3 全球气候变化（GCC）的影响

截至 2050 年，全球气候变化（GCC）将显著改变平均海平面、风暴、径流量以及河口地区的泥沙补给（IPCC，2001 年）。由于自然形态（全新世之后）的调整和过去及现在的人类活动"干预"，由此任何河口潮汐和浪涌的响应将进一步修正。通常，形态调整会相对小且缓慢。例如，在 10m 水深处，平均水深浓度为 100mg/L 时每一次潮汐的泥沙沉积总计约为 0.35mm，或者每年 25cm。实际上，正如默西河口（Mersey）所示，"捕获率"（上游沉积量作为悬浮泥沙净潮汐流入量的一部分）通常只有百分之几。因此，需要将模拟范围拓展到几十年，从而包含整个相关外力周期内的响应。然而，如前所述，用"自上而下"的模型进行长期推断变得越来越混乱，因此，本章采用前面章节建立的理论体系来研究全球气候变化（GCC）的影响。

8.3.1 潮汐和涌浪高度的影响

如图 2.5 所示，基于 Prandle 和 Rahman（1980 年）的解析表达式建立的响应体系直接反映了潮汐和涌浪的河口响应中可能出现的变化。图 2.5 表示河口的第一个"节点"和河口顶点之间的潮汐和涌浪放大率可达 2.5 倍。河口条件是关注重点，其中，"活跃"期为 P 时，测深维度（长度、深度和形状）导致与该节点重合的口门产生谐振放大，其出现条件如下：

$$y=0.75v+1.25$$

其中
$$y=\frac{4\pi L}{P(2-m)(gD)^{1/2}} \text{且} v=\frac{n+1}{2-m} \qquad (8.2)$$

式中：L 和 D 为指河口的长度和深度（口门）；m 为指轴向深度的指数；n 为宽度变化指数。

最大放大率对应的河口长度 L_R 是：

$$L_R=(2-m)(0.75v+1.25)g^{1/2}D^{1/2}\frac{P}{4\pi} \qquad (8.3)$$

该体系涵盖了 $0<v<5$，其形状及相应的谐振长度范围如下：

(1) 运河：$\qquad m=n=0,v=0.5,L_c=0.25(gD)^{1/2}P$

(2) 港湾：$\qquad m=n=0.5,v=1,L=3/3.25L_C$

(3) 线性的：$\qquad m=n=1,v=2,L=2.75/3.25L_C \qquad (8.4)$

(4) 漏斗形：$\qquad m=n=1.5,v=5,L=2.5/3.25L_C$

"1/4 波长"谐振长度适用于棱形河道，如 2.4.1 节所示，（b）～（d）范围的漏斗作用使该谐振长度出现微弱减少。表明，对于 $m=n=1$ 的"线性"河口，一个半日潮周期

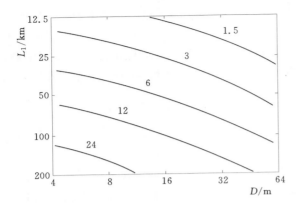

图 8.5 谐振周期（h）：口门深度
和长度的函数

注 其结果针对深度和宽度的线性轴向变化，但是
式（8.4）的结果应用更广泛。

的相应谐振周期如图 8.5 所示。公式
（8.4）的结论广泛适用于各种河口形状。
该图表明，即使在口门深度为 4m 的河
口，只有 $L_R > 60km$ 时才会出现半日频率
的谐振；而当 $D = 16m$ 时，$L_R > 100km$。
根据公式（8.3），对于同步河口（$m = n = 0.8$，$v = 1.5$），平均观测深度 $D = 6.5m$
时，$L_R = 37D^{1/2}$ km 或者 94km，这说明
只有在英国最长的河口，例如布里斯托
尔海峡（Bristol Channel），才可能显示
强烈的潮汐放大。

使用式（6.12）计算同步河口的
长度：

$$L = \frac{120D^{5/4}}{(f\varsigma^*)^{1/2}} \qquad (8.5)$$

其中河床摩擦系数 $f = 0.0025$，ς^* 为潮位振幅。将式（8.3）代入式（8.5），则可以
根据潮汐振幅 ς^* 得出 L_R 及 D_R 的谐振值表达式：

$$L_R(km) \sim 180\varsigma^{*1/3} \qquad (8.6)$$

$$D_R(m) \sim 31\varsigma^{*2/3} \qquad (8.7)$$

根据上式可得：当 $\varsigma^* = 1m$ 时，$L_R = 180km$ 和 $D_R = 31m$；当 $\varsigma^* = 4m$ 时，$L_R = 285km$
和 $D_R = 78m$。

因此，我们只能预计到深水系统中的半日频率谐振，如布里斯托尔海峡（Bristol
Channel），河口"谐振"延伸到了邻近的陆架海。由此，海平面变化预计高达 1m 的河口
区，其潮汐或者涌浪响应不会产生巨大变化，因此，由于平均海平面上升，洪水水位的增
加可能和临近外海区域条件的增加值具相同量级。当然可能存在例外，对副低压的涌浪响
应可能会有明显低于 12h 的有效周期，并且"谐振"河口长度会相应减少。

8.3.2 测深调整

第 6 章对如何确定"同步河口"中的"河口测深区"进行了分析：

$$\frac{E_X}{L} < 1, \frac{L_1}{L} < 1 \text{ 且 } \frac{D}{U^3} < 50m^{-2}s^3 \qquad (8.8)$$

对应潮程 E_X 和咸潮上溯长度 L_1；对于"混合型"河口而言，L_1 小于河口长度 L 和
Simpson-Hunter（1974 年）标准 D/U^3。

图 6.12 表明，英国的沙坝型河口（bar-built Estuaries）及滨海平原型河口（Coast-
al Plain Estuaries）一般符合测深区条件。引入式（6.25），将口门深度与径流量和边坡坡
度 $\tan\alpha$ 联系起来：

$$D_0 = 12.8(Q\tan\alpha)^{0.4} \qquad (8.9)$$

图 7.9 和图 7.10 将河口观测长度及观测深度与理论值式（8.5）及式（8.8）进行对
比分析，其中，观测值由 Prandle 等（2006 年）从"未来海岸"数据库（'FutureCoast'

Database）中提取（Burgess 等，2002 年）。

图 6.12、图 7.9 及图 7.19 等理论体系直观显示了任何特定河口对于 D、Q 及 ς^* 变化的可能稳定性和敏感度。图 6.12 中位于测深区的河口其深度和长度的值和理论值普遍一致（图 7.9 和图 7.10），此类河口可能被认为是当前处于动态平衡状态。因此，未来形态的调整可能会与上述理论保持一致。相比之下，测深区以外的河口、或者深度或长度值与理论值不一致的河口可能具有异常特征。通过识别产生这些异常特征的根源，可以评估未来形态的可能变化。

显然，假定海平面上升 1m，对浅水河口的影响将远远大于对深水河口的影响。Prandle（1989 年）检验了因为平均海平面（msl）变化导致的河口区潮汐响应变化，其海岸边界的位置保持不变（即：建设防洪墙）。结果表明，在狭长、浅水河口的影响最大。

图 6.12、图 7.9 和图 7.10 等涉及的理论体系没有考虑沉积作用。海底泥沙性质和供给变化可能会导致河口形态的突变。海洋泥沙供给直接决定了表层泥沙的性质，并由此决定了河床糙度。动植物的变化会影响海床糙度及相关的侵蚀、沉积率，从而对动力条件和测深条件产生突发的巨大影响。特别是，口门深度和径流量之间的关系［式（8.9）］不受潮汐振幅及河床糙度的影响。然而，根据式（8.5）可知，相应的河口长度将随着泥沙粒径变粗而缩短。

8.3.3 2100 年平均海平面（msl）和径流量的变化：深度、宽度和长度变化

预计 2100 年平均海平面将上升 50cm（Defra/Environment Agency Technical Summaries，2003 年和 2004 年），相应地，径流通量估计会增长和减少高达 25％。

将径流量的变化 Q 代入公式（8.9），并且将得到的深度变化 δD 代入式（8.5），可以估计长度变化 δL。同样，宽度变化 δB 与 D 的变化有关，假设边坡坡度 $\tan \alpha$ 不变，可以估算宽度变化 δB。表 8.4 给出了定量变化结果。在河口地貌范围内的 D、L 和 B 的代表值根据未来海岸数据集（Future Coast data set）计算（Prandle，2006 年）。

表 8.4　径流量变化 25％、平均海平面上升 0.5m 时的深度、长度和宽度变化

河口类型	D/m	$\delta D_Q(\pm)$	L/km	$\delta L_Q(\pm)$	$\delta L_{msl}(+)$	B/m	$\delta B_Q(\pm)$	$\delta B_{msl}(+)$
所有类型中取最小值	2.5	0.25	5	0.62	1.28	130	38	77
平均值	6.5	0.65	20	2.5	1.94	970	100	77
所有类型中取最小值	17.3	1.73	41	5.12	1.49	3800	266	77
滨海平原型	8.1	0.81	33	4.12	2.57	1500	147	91
沙坝型	3.6	0.36	9	1.12	1.59	510	51	71

注　1. 径流量变化，下标为"Q"；平均海平面上升 0.5m，下标为"msl"。
　　2. 来源：Prandle，2006 年。

变化值 δD 相当于 $\delta Q^{0.4}$、变化值 δL 相当于 $(\delta Q^{0.4})^{1.25}$、变化值 δB 相当于 $2\delta D/\tan \alpha$。结果表明，平均而言，对 25％的径流量变化进行"动态"调整可能会和预计的海平面上升一样改变水深——在小型河口，该影响减弱；而在较大型河口，该影响显著增加。引起的河口长度和宽度变化遵循类似的形式：河口规模越大，"动态"变化越大；径流引起的

这种变化明显大于特定的海平面上升引起的变化。总体而言，由于25%的径流量变化，河口长度变化预计为0.5～5km、宽度变化预计为50～250m。由于海平面上升50cm，相应的长度变化为1～2.5km，宽度为70～100m。

8.3.4 对潮流、分层、盐度、冲刷和泥沙的影响

全球气候变化（GCC）对上述参数的潜在影响，同样可以用相应的参数关系和1.5节的理论体系进行计算。虽然任何特定河口的特殊条件将决定实际的响应结果，但是这些潜在影响也能提供有益的视角。

8.4 建模、观测和监测方法

8.4.1 建模

需要耦合水动力-混合模型作为水平方向和垂直方向污染物运输和混合作用分析的基础。相关动态过程的时间尺度如下：几秒钟（湍流运动）、数小时（潮汐震荡）以及数月（季节变化）；相应的空间尺度在毫米到千米之间变化，除了这些水动力-混合模型，较长期的模拟则需要泥沙和生态模型，运用鲁棒算法来计算源、汇和生物/化学反应。

专有和公共领域的模型代码通常涉及数十年的软件开发和大型团队的持续维护方面的投资，这远远超出了大多数建模小组的资源。并且现有公共领域模型代码中的标准化通用模块可能会被广泛采用，这类模块的开发已经消除了传统上围绕海洋过程模拟的神秘感。由于河口的多样性，不可能发展单一的集成模型。而且，为了适应各种不同的应用、提供集合预报，需要保持模块的灵活性。为了解释集合预报结果，理论体系的进一步发展是非常重要的。

为了理解和量化全球气候变化（GCC）的各种威胁，需要建立整体系统模型，包含对海洋生物的影响及其潜在的生物地理后果。区域海洋和海岸管理中引入了不同的"水框架指令"，强调指出：我们需要开发有效的、可靠的模型用来模拟水质、生态及渔业。另外，需要能够集成海洋模块、并将其连接到整体模拟器（包括地质、社会经济等）的系统方法。使模块合理化从而确保和后者的一致性，以及测深条件与潮汐边界条件等规定输入的标准化，是模型的重要目标。由此，合理化增强可以阐明各类模型的基本特点，包括可预测性的固有限制问题。

在实践中，耦合可能局限于用子集表示（统计模拟器），包含分层水平或冲洗时间等综合参数。为了克服在总系统模拟中各模块的局限性，需要量化并综合与模型构建、参数化以及未来情景设定相关的不确定性范围，这可以通过集合模拟来实现，可以提供与特定风险估计相关的各种模拟结果的相对概率。

模型模拟和评估应该延长至超过单个落潮-涨潮周期，从而可以包括大小潮周期和径流量的季节性变化以及相关密度结构。为清晰地洞悉和理解尺度转换问题，需要将模拟结果与新的理论体系以及尽可能多的系列观测数据进行对比分析。

8.4.2 观测

模型的成功应用一般受限于观测数据的分辨率不足，这些观测数据用于模型构建、初

始化、外力胁迫（气象作用和模型边界处外力）、同化和验证。数据的缺乏是环境应用方面的重要约束。如果要提高模拟精度和模拟性能，必须具备更多、更好、时间跨度更长的观测数据。

仪器设备建设严重滞后于模型开发和应用，并且这种差距仍将增大。物种解析－生态系统模型的验证需要新一代的仪器设备。尽管近年来得到了发展，但是可以精确测量的海洋参数范围受到了严重限制；并且观测成本远远大于模型成本。

综合观测网络是必要的，该观测网络利用整套仪器设备和平台的协同作用并结合模拟要求。任何观测网络中，永久原位监测可能是最贵的部分，而且，与要素预测模拟系统有关的观测网络优化很重要。

要定义河口边界条件，要求准确描述相邻陆架海域状态。在沿海海域和河口地区已经建立了永久沿海监测网络，采用验潮仪、系泊和漂流浮标、平台、渡轮以及卫星、雷达和飞机等遥感技术，测量水位、潮流剖面、海面风力、波浪、温度、SPM、盐度、营养物质等。目前，正在基于全球海洋观测系统网络（Global Oceanographic Observing System，GOOS）建立区域监测网络（UNESCO，2003 年）。

小规模实验测量需要知识的更新换代，从而为数值模型提供规模更大、时间更长的算法。需要制定试验台观测计划，用以评估模型的发展，理想范围应该包括：水位、潮流、温度和盐度、波浪、湍流、河床特征以及沉积、植物、生物和化学成分。为了最大限度地利用上述观测，观测结果应该采用完整、一致、可记录、易获取的格式。

8.4.3　监测

研究测深变化的基础监测策略应该能够较好的分析河口过程、并包括如下三点。

（1）覆盖整个河口长度的海岸验潮仪，辅以深水通道中的水位记录仪。

（2）常规测深勘测，例如：时间间隔为 10 年，且低水位河道易变的河口区域辅以更为频繁的重新调查。

（3）系泊平台网络，其仪器设备用来测量潮流、波浪、泥沙浓度、温度和盐度。

应最大限度地利用卫星、飞机、船舶以及海洋表面、海底和海岸（雷达）测量仪器之间的协同作用（Prandle 和 Flemming，1998 年）。同样，新的资料同化技术应该用来缩小监测能力的差距。观测系统的敏感性实验可以用来确定新的或现有监测网络中特定组件是否存在的意义。

8.5　总结及应用

解决河口长期可持续问题的战略规划需要充分利用模拟技术、监测技术和相关理论的发展。针对全球气候变化的威胁，新的理论体系提供了新的观点。

主要的问题是：

河口将如何适应全球气候变化？

8.5.1　挑战

面临的管理挑战包括：

（1）促进可持续利用：疏浚、开垦、渔业养殖等商业和工业发展须经相关影响评价。

（2）符合国家和国际的排放立法及协议。

（3）改善并促进海洋环境、监测水质、保护栖息地多样性、扩展娱乐休闲功能。

（4）减少洪水、航运和工业事故风险。

（5）针对未来趋势及全球气候变化（GCC），制定长期战略规划。

河口管理的主要难题：在区域或较大的空间尺度以及从瞬间到较长的时间尺度内，将具体行为与产生的结果联系起来具有普遍存在的不确定性。例如，由于河床泥沙中的历史残留污染物，河口清洁之后的河口水质改善情况很难预测。同样，"干预"产生的全部影响可能会在未来很长的某个时间、某个距离很遥远的地点以无法预测的方式显现出来。虽然不能完全克服这些不确定性，但是达到平衡是切实可行的。这一平衡观点采用理论、测量和模拟等"方法"集合，借鉴现有和过去的相关河口行为以及邻近地区和其他类似河口的相关经验，反映脆弱性尺度。

8.5.2 模拟案例分析

8.2 节分析了默西河口（Mersey Estuary）的模型模拟，说明如何利用理论和观测数据来评估模型结果、解释参数敏感性测试。图 8.2 和表 8.1 说明早期模型模拟和观测研究结果，图 8.3 和图 8.4 显示了泥沙输移的随机游走颗粒模型的结果。本研究强调了长期观测数据集的重要性。然而，这些数据集绝大部分来自于大型（通航）河口；同样的，这些数据在小型、浅水河口中可能会误导。因此，如 8.3 节，芬迪湾（Garrett，1972 年）和布里斯托尔海峡（Prandle，1980 年）的"近谐振"潮汐响应的高度敏感是例外。如图 8.5 所示，对于半日分潮的谐振响应只出现于河口长度大于 60km 的河口。"惯性主导"的系统和常见的短小、浅水的"摩擦主导"系统之间的相关界定如图 6.3 所示。

8.5.3 战略规划

8.4 节重点考虑了未来的模拟和观测战略。河口可持续发展的战略规划必须包括广泛的时间、空间和参数范围，涵盖物理学到生态学、微湍流到整体河口环流等方面。必须利用数值模拟方面的迅速发展以及计算能力、监测技术和科学认知方面的发展，然而，确保在上述各方面的发展投资需要保证用户可以显而易见地从中受益。

当面对工程"干扰"建议、防洪改善的需要等具体的规划问题时，管理者通常会开展模拟研究。可供使用的模拟范围和模拟要求如 1.4 节所述，结果表明：选择一个合适的模型取决于观测数据在设置、初始化、验证和模拟评估方面的有效性，但是数据获取几乎总是比模型研究昂贵。

区分模型研究中涉及的"插值法"而不是"外推法"很重要，表 8.2～表 8.4 中的结果实际上是"插值法"，即检查接近现有的参数范围内的小幅扰动；相比之下，"外推法"涉及的扰动较大，该扰动可以改变控制过程的顺序，并且引入模型有效性范围外的新要素。

理想情况下，河口管理者应该具备一系列模拟能力，并且能通过一系列连续监测数据进行常规评估。对未来预测结果的信心依赖于模拟系统能够再现观测周期、模式和趋势、并且能将模拟结果与理论体系对比分析的程度。战略规划的制定需要利用上述所有技术，从而为长期的战略规划和解决具体的日常问题提供有力支撑。

8.5.4 全球气候变化（GCC）的影响

新理论成功解释了全新世时期过去 10000 多年来的形态演变，这使得研究者有信心将新理论用于未来几十年的外推。1.5 节总结的显性解析公式和理论体系，可以指导河口区对区域"干预"、或者全球气候变化（GCC）等大范围影响的相对敏感性。图 6.12、图 7.9 和图 7.10 代表新的形态体系。对任意特定的河口，基于该体系，分析从口门到河口顶点以及主要条件范围内的路径，从而提供相对稳定性的理论基础。当这些路径延伸到理论区域以外时，可以预见异常反应的可能性。

在未来的几十年里，由于全球气候变化（GCC）的可能影响产生潮汐或涌浪，预计河口区不会因此而发生剧烈变化。相对"短期"（6h）的涌浪与继发性减弱有关，其相关敏感性可能会加强，特别是较大的河口。当平均海平面（msl）持续增加时维持固定边界可能会增强最浅河口区的涌浪响应。

在"硬地质"缺乏情况下，径流量增强可能会导致河口长度和深度在几十年内缓慢增加。2100 年，预计径流量将变化 25%，受其影响英国河口也会发生变化：长度变化 0.5～5km，宽度变化 50～250m。由于预计海平面将上升 50cm，相应的河口长度将增加 1～2.5km，宽度将增加 70～100m。在这两种情况下，河口越大，其变化也越大。尽管泥沙情势预计没有剧烈变化，但动植物变化可能会影响海底糙率和侵蚀、沉积速率，从而对河口动力和测深产生剧烈影响。

最终，用一个国际通用的方法来量化对全球气候变化（GCC）的贡献要素和及全球气候变化（GCC）的影响。该方法将延伸至模型与仪器设备（及平台）构建、监测战略规划、数据交换等。前进的速度取决于有组织的研究、开发和评估方案的成功合作，终极目标是充分利用通讯和计算能力的不断发展，从而将环境数据和知识融合。附录 8A 表明在未来的十年左右河口管理者可能会广泛采用的技术。

附录 8A

8A.1 业务化海洋学

业务化海洋学是指对海岸、近海、海洋以及大气进行常规测量、传播、解释测量讯息从而提供预报、临近预报和后报的学科。

8A.2 预测、临近预报、后报和数据同化

（1）预测。预测包括对风暴涌浪、波谱以及产生海洋冰川等过程的实时数值预测。基于气候或统计数据的预测可能涵盖数小时、数月、数年甚至几十年。由于模型不准确和外力胁迫的不确定会产生误差，累积误差会限制实际操作中对未来的外推。

（2）临近预报。在即时测报中，将观测数据在数值模型中同化，其结果用来对当前流场状况进行最佳估计而不是预测。这些测报结果可能包括海洋冰川、海面温度、有毒藻类的大量繁殖、分层状态或混合层深度或风-浪数据的日记录或月记录。

（3）后报。后报观测数据需要融入模型中，从而对海面高程、水温、盐度、营养物

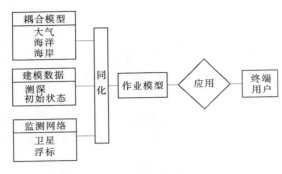

图 8A.1　应用模拟系统的组成

质、放射性核素、金属、渔业评估等变量的历史状态和分布情况（通常为月或年）进行汇编。

（4）数据同化。数据同化形成了模型、观测结果和理论之间的接口，因此，是模拟系统中必不可少的组成部分（图 8A.1）。数据同化可以传输观测信息，从而更新模型状态、模型驱动力和/或者模型系数。难点是如何利用模型和观测结果的互补性，即：模型中内嵌的过程知识的普遍动态连续性和观测数据的特殊性。

8A.3　模型更新换代

在海洋科学中，数值模型已经应用了大约 50 年，可以简单区分为如下 3 代：

第 1 代：探索性模型，通常采用针对过程研究的特定测量数据构建其算法、数值网格和示意图。

第 2 代：预作业模型，其代码得到了充分开发，并满足评价要求，通常针对临时观测或者试验台数据集。

第 3 代：日常使用的作业模型，通常由永久性监测网络支撑，例如图 8A.2 所示的滨海天文台。

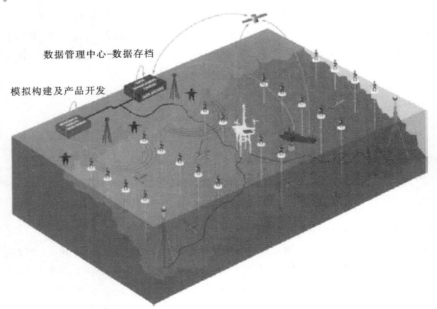

图 8A.2　滨海天文台

每一代之间，通常需要约 10 年时间去更新换代。

实时作业模型应用包括风暴潮、石油或者化学物质泄漏、搜索和救援、水体富营化、有毒藻类等。预作业模拟通常包括评估和了解海洋生态系统和资源的健康状况及其对环境变化的敏感性。这些通常和以下两个方面相关：用于排放许可的吸收率评估；干扰（填海、疏浚等）及气候变化的环境影响评价相关。探索性应用从环境管理政策的制定，拓展到发展基础科学研究和技术开发，从而解决人类影响和自然趋势问题。

8A. 4 预报

尽管目前备受关注的问题似乎和实时"作业"预报大相径庭，但是开发全球尺度的海洋系统模型非常重要。最终，根据 GOOS［联合国教科文组织（UNESCO），2003 年］，河口研究需要联系业务化海洋学的并行过程，包括区域尺度和全球尺度。实时预报的有效运作需要气象机构资源来传输、处理和传播驱动数据，以及海洋数据中心负责质量控制的海洋数据的传播。业务化海洋学的主要目的是：通过减少预测的不确定性水平从而使未来事件的危害降至最低，包括短期的风暴及长期的海平面及温度上升。业务化海洋学是我国海洋资源实现可持续利用与管理的核心。

飞机和卫星遥感的进步（Johannessen 等，2000 年）将决定许多参数的业务性海洋学的发展速度。新的传感器开发、原型仪器的商业化生产以及新的卫星项目的国际协议签订尚需要十年或者更长的前置时间。遥感数据必须经过数小时的处理才能用于作业预报。

增强大气模型中的信息在作业预报过程中处于高优先级的地位，例如，风的预报的精度和范围将成为波浪和涌浪预报的主要限制因素。预报的终极目标是：将河口-近海-海洋模型与陆地模块、大气模块耦合，即：水、热和化学平衡的全球集成（Prandle 等，2005 年）。

参考文献

Burgess, K. A., Balson, P., Dyer, K. R., Orford, J., and Townend, I. H., 2002. FutureCoast – The integration of knowledge to assess future coastal evolution at a national scale. In: The 28th International Conference on Coastal Engineering. American Society of Civil Engineering, Vol. 3. Cardiff, UK, New York, 3221 – 3233.

Defra/Environment Agency, 2003. Climate Change Scenarios UKCIP02: Implementation for Flood and Coastal Defence. R&D Technical Summary W5B – 029/TS.

Defra/Environment Agency, 2004. Impact of Climate Change on Flood Flows in River Catchments. Technical Summary W5 – 032/TS.

Fischer, H. B., List, E. J., Koh, R. C. Y., Imberger, J., and Brooks, N. H., 1979. Mixing in Inland and Coastal Waters. Academic Press, New York.

Garrett, C., 1972. Tidal resonance in the Bay of Fundy. Nature, 238, 441 – 443.

Hill, D. C., Jones, S. E., and Prandle, D., 2003. Derivation of sediment resuspension rates from acoustic backscatter time – series in tidal waters. Continental Shelf Research, 23 (1), 19 – 40, doi: 10.1016/S0278 – 4343 (02) 00170 – X.

Hutchinson, S. M. and Prandle, D., 1994. Siltation in the saltmarsh of the Dee Estuary derived from 137Cs analysis of shallow cores. Estuarine, Coastal and Shelf Science, 38 (5), 471 – 478.

IPCC, 2001. Edited by Watson, R. T. and Core Writing Team. Climate Change 2001: Synthesis Report. A Contribution of Working Groups I, II, and III to the Third Assessment Report of the Intergovernmental Panel on Climate

Change. Cambridge University Press, Cambridge, United Kingdom, and New York.

Johannessen, O. M., Sandven, S., Jenkins, A. D., Durand, D., Petterson, L. H., Espedal, H., Evensen, G., and Hamre, T., 2000. Satellite earth observations in Operational Oceanography. Coastal Engineering, 41 (1 – 3), 125 – 154.

Lane, A., 2004. Bathymetric evolution of the Mersey Estuary, UK, 1906 – 1997: causes and effects. Estuarine, Coastal and Shelf Science, 59 (2), 249 – 263.

Lane, A. and Prandle, D., 2006. Random – walk particle modelling for estimating bathymetric evolution of an estuary. Estuarine, Coastal and Shelf Science, 68 (1 – 2), 175 – 187, doi: 10. 1016/j. ecss. 2006. 01. 016.

Pethick, J. S., 1984. An Introduction to Coastal Geomorphology. Arnold, London.

Prandle, D., 1980. Modelling of tidal barrier schemes: an analysis of the open – boundary problem by reference to AC circuit theory. Estuarine and Coastal Marine Science, 11, 53 – 71.

Prandle, D., 1989. The Impact of Mean Sea Level Change on Estuarine Dynamics. C7 – C14 in Hydraulics and the environment, Technical Section C: Maritime Hydraulics. Proceedings of the 23rd Congress of the IAHR, Ottawa, Canada.

Prandle, D., 2004. How tides and river flows determine estuarine bathymetries. Progress in Oceanography, 61, 1 – 26, doi: 10. 1016/j. pocean. 2004. 03. 001.

Prandle, D., 2006. Dynamical controls on estuarine bathymetries: assessment against UK database. Estuarine, Coastal and Shelf Science, 68 (1 – 2), 282 – 288, doi: 10. 1016/j. ecss. 2006. 02. 009.

Prandle, D. and Flemming, N. C. (eds.), 1998. The Science Base of EuroGOOS. EuroGOOS, Publication, No. 6. Southampton Oceanography Centre, Southampton.

Prandle, D. and Rahman, M., 1980. Tidal response in estuaries. Journal of Physical Oceanography, 10 (10), 1522 – 1573.

Prandle, D., Lane, A., and Manning, A. J., 2006, New typologies for estuarine morphology. Geomorphology, 81 (3 – 4), 309 – 315.

Prandle, D., Los, H., Pohlmann, T., de Roeck Y – H., and Stipa, T., 2005. Modelling in Coastal and Shelf Seas – European Challenge. ESF Marine Board Postion Paper 7. European Science Foundation, Marine Board.

Prandle, D., Murray, A., and Johnson, R., 1990. Analyses of flux measurements in the River Mersey. pp 413 – 430 In: Cheng, R. T. (ed.), Residual Currents and Long Term Transport, Coastal and Estuarine Studies, Vol. 38. Springer – Verlag, New York.

Price, W. A. and Kendrick, M. P., 1963. Field and model investigation into the reasons for siltation in the Mersey Estuary. Proceedings of the Institute of Civil Engineers, 24, 473 – 517.

Simpson, J. H. and Hunter, J. R., 1974. Fronts in the Irish Sea. Nature, 250, 404 – 406.

Thomas, C. G., Spearman, J. R., and Turnbull, M. J., 2002. Historical morphological change in the Mersey Estuary. Continental Shelf Research, 22 (11 – 13), 1775 – 1794, doi: 10. 1016/S0278 – 4343 (02) 00037 – 7.

UNESCO, 2003. The Integrated Strategic Design Plan for the Coastal Ocean Observation Module of the Global Ocean Observation System. GOOS Report No. 125. IOC Information Documents Series No. 1183.

Woodworth, P. L., Tsimplis, M. N., Flather, R. A., and Shennan, I., 1999. A review of the trends observed in British Isles mean sea level data measured by tide gauges. Geophysical Journal International, 136 (3), 651 – 670.